本书受到国家自然科学基金项目（51590913，51678466，51408465）与国家重点研发
计划项目（2017YFC0702402-04）资助

中国西部地域建筑绿色更新模式研究

成 辉 著

中国建筑工业出版社

图书在版编目（CIP）数据

中国西部地域建筑绿色更新模式研究/成辉著. —北京：中国
建筑工业出版社，2019.8
ISBN 978-7-112-23529-2

Ⅰ.①中… Ⅱ.①成… Ⅲ.①建筑文化-研究-中国 Ⅳ.①TU-092

中国版本图书馆 CIP 数据核字（2019）第 055350 号

责任编辑：李 杰 石枫华
责任校对：芦欣甜

中国西部地域建筑绿色更新模式研究
成 辉 著

*

中国建筑工业出版社出版、发行（北京海淀三里河路9号）

各地新华书店、建筑书店经销

北京科地亚盟排版公司制版

大厂回族自治县正兴印务有限公司印刷

*

开本：787×1092毫米 1/16 印张：10¾ 字数：270千字
2019年8月第一版 2019年8月第一次印刷
定价：**58.00**元
ISBN 978-7-112-23529-2
（33817）

前　言

全球化对中国的城市与建筑带来的巨大影响之一就是城市化的快速发展，中小城市在城市化的过程中逐渐失去了特色，在城市空间尺度和形态上模仿大城市。全球化话语淡化了中国建筑和东方文化的主体意识，由此而引发了城市空间和形态的趋向。随着工业化大生产的加速发展，商品市场日益国际化，城市化不断向外扩张，在世界范围内，文化的地域性已渐渐陷入了朝不保夕的困境。吴良镛先生在国际建协二十届大会的主旨报告中指出："技术和生产方式的全球化，带来了人与传统地域空间的分离，地域文化的特色渐趋衰微；标准化的商品生产，致使建筑环境趋同，设计平庸，建筑文化的多样性遭到扼杀。"

快速的城市化进程在建筑领域的最明显表征就是大规模的开发与建设。"目前我国城镇住宅每年竣工量为 5 亿 m²，加之农村的住宅，每年超过 10 亿 m²。"[①] 如此大量的住宅、住区建设，迅速改变着我国城市和乡村面貌。大规模人工环境的建造，在给人们创造宜人居住环境的同时也带来地域特色渐失、环境污染、能源紧缺、交通拥挤、绿化不足、气候异常等负面效应，给我国人居环境造成极大的压力。因此，在注重自然与社会发展规律的基础上，如何协调人工环境与自然环境的关系，就成为地区人居环境长期面临的问题。对于建筑本体而言，如果在设计层面就注重建筑物对地形地貌的回应、对气候的适应、对地域特征的应答、对资源能源的节约，那么对于减轻人居环境的生态压力将具有积极意义。

面对全球化趋势，现代建筑面临众多困境，地域建筑成为人们重新讨论的话题。本书运用文献综述与理论研究、实际案例与社会调查、定性分析与定量研究、示范工程与调查验证等方法，选择乡村建筑为研究载体，以乡村建筑在城镇化发展中面临的问题为突破口，带着地域建筑是否存在共性特征，共性特征间存在怎样的逻辑关系等一系列疑问，从以下几方面开展研究，试图构建适宜于我国西部的地域建筑更新原理与方法。

1. 地域建筑的产生、发展及其历史局限性

在梳理地域建筑由来、发展与演变历程的基础上，剖析与归纳当今地域建筑创作的几种典型趋势，试图探寻地域建筑存在的历史局限，为更新方法研究找到切入点。

2. 批判性地域主义建筑理论与实践研究

从理论内涵、哲学思想、实践策略等方面深入研究目前地域建筑中最具活力的"批判性地域主义建筑"，以实践案例印证其理念的先进，为理论研究提供了理念支持与正确方向。尽管如此，该理论也存在一定的局限。此局限成为地域建筑更新理论研究解决的关键问题。

3. 西部地域建筑更新理论

基于批判地域主义对于地域建筑接受现代化和兼容并蓄的态度，在深入挖掘西部地域建筑本体缺陷的基础上，开展地域建筑基本属性研究，以城镇化发展中的乡村建筑为载

---

① 宋春华. 小康社会初期的中国住宅建设 [J]. 建筑学报，2002（1）：4-9.

体，提出适宜于我国西部地区的建筑更新策略。在研究地区建筑基本属性关系的基础上，搭建地域建筑的更新步骤，从而构建系统的、可操作的地域建筑更新方法。依照该方法进行的现代地域建筑更新，不仅能够解决西部地域建筑的本体缺陷，还保证了地域建筑的可持续发展方向，完成了建筑从满足人的生理需求、心理需求向完成社会需求的转变。

4. 西部地域建筑更新实践

运用前文建立的西部地域建筑更新策略与步骤，对四川省彭州市通济镇大坪村进行乡村地域建筑更新实践，并开展示范工程建设与推广。运用客观测试与主观评价的方法在后续的追踪评价中对建筑基本属性的逐级满足情况进行调查，用以验证理论。

通过上述研究，本书期望提出西部地域建筑绿色更新的原理与方法。该原理与方法的提出，首先，对于解决西部地区乡村建筑现代化创作具有直接的现实意义；其次，对批判性地域主义原理进行中国西部地区的补充与完善，对其他地区或其他类型的建筑具有借鉴意义；最后，以发展中国家边缘地区的立场与角度，为地域建筑现代化发展提供强大的理论补充与实践支持。

本书由笔者的博士学位论文的主要内容精简而成，其中，地域建筑的基本属性、属性间逻辑关系的理念源自导师刘加平院士，他长期致力于西部地域建筑的潜心研究。先生那洞悉学术前沿的敏锐视角、严谨的治学态度、高效的工作方法，让我受益匪浅；先生那博大的胸襟、开明的思想令我深深折服。谨在此表示深深的谢意！同时，四川彭州大坪村示范工程是西安建筑科技大学绿色建筑研究中心集体智慧的结晶，在此一并感谢！

本书是在大量理论文献、实地调研、课题组前期研究的基础上完成的，因此对于笔者所参考、引证的所有文献、图片的作者，对于在论文调查测试、方案创作、示范工程实施等阶段提供过大力帮助的人员，致以最衷心的谢意。

本书受到国家自然科学基金项目（51590913，51678466，51408465）与国家重点研发计划项目（2017YFC0702402-04）资助。

目　　录

第1章 绪 论

1.1 相关概念

在涉及地域建筑之前，首先区别几个与地域相关的概念。这些概念的梳理与归纳，有助于我们更清晰理解地域建筑的由来，更深入洞察地域建筑的更新与发展。

1.1.1 地域

地域，可指代与"地方"相关的行政区划，例如，山西、云南、新疆、海南等等；比行政区划更大范围的"地区"，如江浙地区、苏杭地区、宁陕地区、青藏高原地区等；还可指代与"民族"相关的地区名称，例如，藏族地区、蒙古族地区、维吾尔族地区等。另外，地域还与"文化"相关联，例如，京派文化、巴蜀文化、海派文化、草原文化、吴越文化、客家文化、齐鲁文化等。从词组构成而言，与文化关联的概念基本是"地区＋文化"的模式，因此即便与文化相关，也仍然依托于某一区域。

从这些对地域的阐述中，不难得出，"地域"的概念涵盖了地方行政、区域，与民族、文化等概念相关联。从空间角度来说比地方范围更大；从时间角度来说，还涵盖了传统的概念，同时涉及习俗、制度、道德、思想等范畴。下面将"地域"、"地方"、"地区"、"民族"、"传统"等概念进行比较研究（表 1-1）。

地域相关概念释义　　　　　　　　　　　　　　　　　　　　　表 1-1

	《现代汉语词典》释义	在建筑中的语义倾向①
地域（Region）	面积相当大的一块地方	突出空间因素的作用，因自然条件、文化条件、经济技术条件共同作用所产生的建筑属性
地方（Locality）	（1）某一区域或某一空间；（2）跟"中央"相对的各级行政区划的统称	突出行政区划的作用
地区（Area）	（1）较大范围的地方；（2）指未获得独立的殖民地、托管地等	突出行政区划的作用，范围大于地方
民族（Nation）	特指有共同语言、共同地域、共同经济生活以及表现于共同文化上的共同心理素质的人的共同体	突出种族因素的作用，因信仰习惯所产生的建筑属性
传统（Tradition）	世代相传、具有特点的社会因素，如文化、道德、思想、制度等	突出时间因素的作用，因世代相传所产生的建筑属性

---

① 参照"邹德侬，刘丛红，赵建波. 中国地域性建筑的成就、局限和前瞻［J］. 建筑学报，2002，（5）：4-7."中观点，作者有所改动。

尽管上述表格中突出地域的空间因素作用，但其实它不仅仅是自然条件作用下的产物，深层而言，还受文化、经济技术等作用。地域①，是指具备一定内聚力的地区，其本身具有同质性，并以同一标准与相邻地区或区域相区别。它是一种学术概念，根据某一特定问题的相关特征且排除不相关特征而划定。

从上述列表的比较中，我们发现"地域"不同于"民族"的概念，民族以种族观念、血缘关系、信仰习惯等划定人群和区域；也不同于"传统"的概念，传统既可在地域、地方、地区中运用，如地域传统、地方传统、地区传统，也可在民族中体现，如民族传统，它是一个纵向时间概念。而"地方"、"地区"这些突出行政区划作用的概念是根据需要和方便而划定。地域的划定则不同，是根据具备的内聚力和同质性的特征而划定。不可否认，地域是指某一具体地区，但它是在同一标准前提下在内聚力与同质性上与其他地区存在差别的区域。

1.1.2　地域性

地域性②，指人类社会在其发展过程中，由于生活在不同地区而表现在政治、经济、文化、艺术等领域的差异。地域性首先是自然环境与生俱来的特性；其次，在一定自然环境中，人为作用下的生存环境，也附着了对应的地域性。两者综合而成。

对建筑而言，地域性是建筑的本质属性之一，各个地区的建筑都有其自身的特色。它既是一个空间概念，体现为特定的区域界限；也是一个时间概念，表现为历史延续性。建筑的地域性包含自然地理与人文历史的双重含义，具体是指在一定经济形态下，建筑根植于其所在地的自然生态环境、文化传统环境，与社会生产生活方式相关联，为当地人民生活提供所需的建筑空间环境的特性。

1.1.3　地域建筑

根据上述对地域、地域性概念的解释，所谓地域建筑，就是依托于某一地区，顺应该地区的生存环境，具备该地区的自然、人文、经济技术特征的一种建筑形式。它回应着这一地域的地形、地貌和气候等自然环境条件；适应并继承着这一地域的生活方式、风俗习惯、宗教信仰；在当地允许的经济条件下充分运用地方性材料、建造技术、资源能源，从功能、空间、形式、细节等本体，从建造、经济、技术等客体方面都表现出地域特征差异。

地域建筑，是地域文化在物质环境和空间形态上的体现。它的存在不仅满足社会物质功能的需要，同时体现了人们的意识观念、伦理道德、审美情趣、生活行为方式和社会心理需求等精神需要。

1.2　地域建筑理论与实践研究综述

1.2.1　国外地域建筑理论与实践

20 世纪以来，国外学界对地域建筑的关注源于 20 世纪 60 年代。德国建筑师伯纳德·

---

① 美国不列颠百科全书公司，中国大百科全书出版社. 不列颠百科全书：国际中文版. 14：International Chinese Edition［M］. Ptolemy—Sampan. 北京：中国大百科全书出版社，2007.

② 中国百科大辞典编委会编；袁世全，冯涛主编. 中国百科人辞典［M］. 北京：华夏出版社，1990：973.

鲁道夫斯基 1964 年在纽约现代艺术博物馆举办了名为"没有建筑师的建筑"（Architecture without Architects）的世界乡土建筑展览，第一次将"乡土"一词应用在建筑领域。通过"风土的（vernacular）、匿名的（anonymous）、自然产生的（spontaneous）、乡村的（rural）"等 156 幅摄影照片，鲁道夫斯基借助罗曼蒂克式的视角来看待土著居民的住居，向世界展示了教科书上从来没有教过的、建筑美学的真正所在。作为第一个以独特视角关注土著居住问题的展览以及同名书籍的出版打破了以往狭隘的建筑艺术观念，引发了当时国际主义风格风靡世界的西方建筑专业人士对乡土建筑的重新认识，使得一部分建筑师重新思考自身定位问题，可谓意义深远。

美国建筑师阿摩斯·拉普卜特（Amos Rapoport）著有《宅形与文化》[1]（House Form and Culture，1969）一书，以人类学和文化地理学视角，通过大量实例分析了世界各地住宅形态的特征与成因，提出了人类关于宅形选择的命题。探讨了由社会文化、气候、技术等因子作用下的住屋形式及其种类的多样问题。可谓是建筑人类学奠基作品，标志着乡土建筑研究成为一门独立的学科。

日本学者原广司从 20 世纪 70 年代开始对世界各地聚落进行调查，时间维持近三十年，足迹遍布世界各大洲。在其著作《世界聚落的教示 100》[2] 中涉及与聚落相关的一切因素，充分例证了居住空间的场所、秩序、传统、材料、构造等因素与地理、气候、地形之间的关系，可谓是对世界传统聚落的集合概述。

英国学者保罗·奥利弗的《世界乡土建筑百科全书》对世界各气候区、文化区的乡土聚落和建筑进行了全面的论述，成为当代学者对乡土建筑进一步研究的理论基础，因此意义重大，也使得保罗·奥利弗成为推动乡土建筑研究发展的领军人物。

除调查研究与理论著述外，地域建筑的实践也同期进行，并且产生了一些成功的经验，如埃及建筑师哈桑·法赛（Hassan Fathy）和印度建筑师查尔斯·柯里亚（Charles Correa）针对埃及和印度人口众多、气候条件苛刻、经济和技术相对落后的特点，利用当地材料、传统技术的优势，运用现代绿色建筑科学原理和生态建筑技术，创造出了适应各自地区条件的新的地域建筑。

埃及建筑大师哈桑·法赛从当地的气候和生活方式出发，通过独特的形体和布局创造出了具有鲜明地域建筑特色的现代建筑。他尊重传统技术，运用低技术与地域材料的结合，并通过对传统建筑设计策略的修正和改良，为贫困居住者提供的低造价和低能耗的住宅。法赛最鲜明的建筑思想体现在他的人文主义思想在文化真实性的表达上。他认为只有植根于当地地理、文化环境中的本土建筑才是一个社会建筑的真实表达。他一直不懈努力寻找伊斯兰教在埃及建筑的根，发展出本土的建筑语汇，并从中解析出某些关键元素，如正方形穹顶单元、矩形拱顶单元、穹顶小凉亭、风廊及内向庭院等[3]。对适宜技术的灵活应用是他对文化真实性保护的又一点体现，例如，他将埃及南部的穹窿建造技术移植到北部村落，还将上埃及的石造技术移植到下埃及三角洲的土坯建筑中。他的住宅设计追求个性化，这一点体现在他对每个建筑的个别关注和对公民参与设计的鼓励。个别关注是对人

---

① （美）拉普卜特. 宅形与文化 [M]. 常青译. 北京：中国建筑工业出版社，2007.
② （日）原广司. 世界聚落的教示 100 [M]. 于天祎，刘淑梅，马千里译. 北京：中国建筑工业出版社，2003.
③ 林楠. 在神秘的面纱背后——埃及建筑师哈桑·法赛评析 [J]. 世界建筑. 1992，6：67-72.

的个性需求和多样化需求的满足，体现了法赛对人权的极大尊重，但是在现代住宅建筑的大规模需求中，法赛的作坊式的精雕细琢显然是消极和低效的，无法满足现代社会城市或乡村对住宅的需求。而他最根本的贡献在于把建筑师的注意力从现代主义的大规模项目的建造主流转移到"穷人问题"。在对穷人问题的关注上，法赛主要表现在努力探求低造价乡土建筑在广大乡村现实中的可行性，恢复和发展行之有效的传统建造技艺并亲自指导和训练当地乡民自助建设。他撰写的《贫民建筑》（Architecture for the poor）一书于 1973 年由芝加哥大学出版社出版，书中详细阐述了生土建筑建造方法。由此可见，土坯成为法赛情有独钟的乡土建筑语汇。生土材料在还原地域本色、发挥优良物理性能以及体现生态绿色思想方面都是乡土建筑中无可挑剔的地域材料，但是法赛对这一代表地方文化真实性的材料的强调与唯一，使他仅局限于此，而忽略了对其他新材料、新技术的借鉴。随着当今城市化步伐的迈进，信息社会的冲击，乡村地区对建筑的需求已不仅仅满足于由当地的传统、单一的技术、材料所塑造的建筑空间与形象，而更期许对现代社会的自我表达，既要表达地域特色，又要表达现代特色。因此，仅局限于当地既有材料和技术是乡土建筑故步自封、无法发展的缘由之一。当然，法赛在尊重传统、保护文化原真性、为贫困居住者提供的低造价和低能耗的住宅方面具有不可磨灭的贡献，尤其对于处于发展中国家经济相对落后的西部乡村地区而言，仍具有借鉴意义。

印度建筑大师查尔斯·柯里亚是第三世界另一位地域建筑研究与实践的先行者。鉴于印度干热和湿热两种典型的极端气候条件，气候因素成为柯里亚在乡土建筑的主要探索方向。1969 年，柯里亚撰文《气候控制论》，从印度的气候条件出发，针对不同的住宅类型提出了相对应的建筑空间形式，诸如围廊空间、管式住宅（Tube House）、中央庭院、跃层阳台、一系列分离的建筑单元等[①]。柯里亚深刻认识到气候调节对印度建筑乃至印度文化的深远影响，努力从传统建筑中发掘和重新演绎适应气候条件的建筑语素。1980 年，柯里亚再次撰文《形式追随气候》，谈到"我们正在面临能源危机……也许这是给建筑师的一次机会（我特别指出的是他们作品中与视觉表现和雕塑感相关的观点）去调整方向——最基本形式的起源：气候"[②]，进一步完善了形式与气候间的相互依存关系，在之前几种空间形式的基础上提出了开敞空间（Open to Sky Space）的概念。

从对柯里亚应对气候的空间形态中，管式住宅与开敞空间可谓是两种典型。管式住宅即房子围绕着一个露天的院落，内部剖面被横断成若干个通风口。显然，这种内向的形态是将住宅封闭，形成内部屏蔽的空间，以遮挡炎热的太阳直射，同时又把住宅做成横向的通风口，空气穿过管式住宅被发散加热，然后沿着两个搭在一起的坡屋面之间的断阴的屋脊上散出去（如图 1-1）。开敞空间是充分利用庭院等外部开放空间，扩大居住空间，增加空气流通。1983 年的干城章嘉公寓可谓是开敞空间的典型代表，它巧妙地将开敞空间的概念通过立体演绎到高层建筑中，形成数个空中庭院，不仅起到观景的效果，还在孟买潮热的环境中加强空气对流，达到卓越的节能效果（如图 1-2）。

除了应对气候的空间形式外，在现代主义建筑思想的影响与熏陶下，柯里亚对印度独特悠久的历史文化和传统宗教文化延续并转化是其建筑创作的另一特点。柯里亚认为"传

---

① 叶晓健. 查尔斯·柯里亚的建筑空间 [M]. 北京：中国建筑工业出版社，2003：41-43.
② Charles Correa. Form Follows Climate [J]. Architecture Record. 1980（7）：89-99.

统有更深内涵而不仅仅是肤浅的风格问题，为了较好的理解它，人们需要挖掘深层结构和有价值的原则。"① 这种深层结构（Deep structure）转译的手法不仅仅体现在乡土建筑空间的塑造上，还体现在大型公共建筑和高层建筑中对现代建筑精髓的表达、对印度传统文化、宗教的尊重以及应对气候条件的措施上。

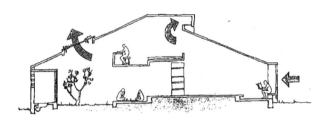

图 1-1　管式住宅剖面

图片来源：（美）肯尼斯·弗兰姆普顿. 查尔斯·柯里亚作品评述［J］. 饶小军译. 世界建筑导报. 1995（1）：5-9.

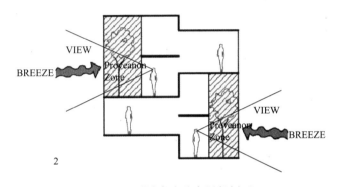

图 1-2　干城章嘉公寓局部剖面

图片来源：徐怡珊，周典，玉镇珲. 探求查尔斯·柯里亚建筑作品中的物质性与精神性［J］. 华中建筑，2010，11：13-16.

1.2.2　国内地域建筑理论与实践

我国学者对地域建筑的研究多起步于对各地区民居的探讨。原因在于各地区民居具有明确的地域风格，与地域自然、人文等环境具有直接、清晰的对应关系，是地域建筑最具典型的代表类型。

1. 理论研究及成果

通过大量文献资料的收集与整理，笔者根据研究目的、研究方法、研究内容的差异对我国民居建筑的发展概况做以下梳理：

（1）根据研究目的的差异可分为：古迹遗址保护研究、弘扬民族传统文化研究、开发利用研究等等。

1）古迹遗址保护研究，肇始于 20 世纪 30 年代，即对我国古代遗留下来的民居古迹进行保护勘察并研究，旨在发掘人类民居历史的瑰宝。以中国建筑史学家刘敦桢、梁思成、龙庆忠、刘致平等为代表的老一辈营造学社研究者们，对我国西南、中原、西北、北京、浙江、南方沿海、新疆旱热地区、内蒙古草原等地区进行了大量的考察、测绘与调查

---

① （印度）桑加迪. 印度建筑的未来［J］. 周湘津译. 新建筑，1993，1：57.

研究工作，积累了丰富的史料与实地测绘资料，为中国民居研究奠定了基础。例如，刘敦桢先生的《中国住宅概说》[①] 一书。作者考察了中国住宅发展概况，从发展方面介绍新石器时代以来汉族住宅的大体情况并选择若干实例说明明中叶至清末的住宅类型及其各种特征。

2）弘扬传统文化研究，即为弘扬民族传统文化而进行的与居住相关的民俗、装饰、艺术等研究。例如，《中国民居与民俗》[②] 一书，其目的在于纪念先民与弘扬民族传统文化，书中除了对中国民居进行地域划分介绍外，还对服饰文化、饮食文化、民间信仰、民族艺术、传统礼仪与习俗分别进行详尽描述。

3）开发利用研究，包括商业开发与乡村民居改造与重建两类。商业开发，即针对长期以来我国旅游业发展需求，在地域特色鲜明、民族文化典型的小城镇开发传统商业街、民居住宅，以供旅游观光、住宿、商业等需求。此类研究成果多见于旅游规划、小城镇开发等书籍报刊。乡村民居改造与重建，是为了解决和改善我国大部分偏远贫困地区人们的长期居住及其环境质量问题。这部分研究与实践从20世纪70年代延续至今，是目前大部分乡土建筑研究者们开展的主要活动（具体内容见本节的"2. 实践研究"），内容涉及民居的功能空间、建造技术、传统地域文化、可持续发展等问题。

（2）根据研究方法的差异可分为：调查测绘研究，分类研究，学科交叉研究等。

1）调查测绘研究，包括测量测绘、记录数据、拍摄实景、收集整理、绘制图纸等。这种研究方法多见于20世纪40~80年代的民居考据时期，例如，陈志华、楼庆西、李秋香等学者对民居的研究即采取该法。在《乡土民居》[③] 一书中就采取调查测绘的方法以农业文明时代聚落整体为研究对象，是对当地历史、社会、文化的综合研究。

2）分类研究，可依照行政区划或民族划分，例如陆元鼎主编的《中国民居建筑丛书》[④] 按照地区分为东北、西北两册；按照行政区划分为北京、山西、四川、两湖、安徽、江苏、浙江、江西、福建、广东、台湾等十一个分册；按照民族划分为新疆、西藏、云南、贵州、广西等五个分册。各分册分别从民居所在地的自然环境、人文环境、基本特征、形成原因入手，追溯了民居的原型、演变与发展，对聚落选址、平面布局、形态特征等深入剖析，在民居营建经验方面给予了梳理，并且谈到了现代社会中当地民居的保护与再利用的问题。也有根据民居结构、材料、构造等差异进行分类的，例如，《中外传统民居》[⑤] 中侧重材料在民居中的表现，以材料为划分标准，将中国与各地民居进行划分，分析了使用相同材料却做法各异、形态各异的世界民居。另外，根据建筑平面组织形式的不同区分不同地域人们生产生活方式的差异而划分。例如，刘敦桢先生在《中国住宅概说》[⑥] 一书中，在对明中叶至清末的汉族住宅考古发掘的基础上根据住宅建筑圆形、纵长方形、横长方形、曲尺形、三合院、四合院、三合院与四合院的混合、环形以及窑洞式等不同的平面类型，对建筑平面、外观整体、外观局部、局部构造等进行实证考察并记录。

---

① 刘敦桢. 中国住宅概说 [M]. 天津：百花文艺出版社，2004.
② 王军云. 中国民居与民俗 [M]. 北京：中国华侨出版社，2007.
③ 李秋香. 乡土民居 [M]. 天津：百花文艺出版社，2009.
④ 陆元鼎. 中国民居建筑丛书 [M]. 北京：中国建筑出版社，2009.
⑤ 荆其敏，张丽安. 中外传统民居 [M]. 天津：百花文艺出版社，2004.
⑥ 刘敦桢. 中国住宅概说 [M]. 天津：百花文艺出版社，2004.

3) 学科交叉研究，即将人类学、社会学、文化学、生态学等其他学科研究方法应用于民居研究领域，正如陆元鼎教授所提出的以人文、方言、自然条件相结合的研究方法，开拓民居研究的新视野。《湘赣民系民居建筑与文化研究》[①] 一书，作者采用社会学、文化学观点，从文化背景、社会形态、村落环境到民居形制、艺术手法、技术营造等方面展示了湘赣民系聚落与民居产生的渊源及其形态特征。近些年，还出现了以研究方法为切入点进行民居研究的。《北京胡同四合院类型学研究》[②] 就以类型学方法对北京胡同的景观、文脉、保护与振兴等，对北京四合院的建筑规制、装饰、文化、景观边界等进行了分类研究。李晓峰编著的《乡土建筑——跨学科研究理论与方法》[③] 从人类学、人文地理学、传播学、生态学等多维视野架构现代乡土建筑研究，将乡土建筑研究范围扩大至与之相关的学科领域。

当然，研究方法并不是唯一的，不因地区、民族、传统等的差异而不同。研究方法是可以综合运用的，在某一项乡土民居研究中，既可采用单一的研究方法，也可多方法综合应用。

（3）根据研究内容的差异可分为：侧重于建筑本体研究，侧重于地域文化或其他等方面的研究。

1) 侧重于建筑本体研究。这一研究肇始于 20 世纪 30 年代，即从建筑学科本体视角研究乡土民居，并将其作为传统建筑的一种类型，例如，《云南民居》[④]（王翠兰、陈谋德，1986）及其续篇（1993），《窑洞民居》[⑤]（侯继尧，1989），《新疆民居》[⑥]（严大椿，1995），《中国窑洞》[⑦]（侯继尧、王军，1999 年），《广西民居》[⑧]（牛建农，2008）以及涉及更大范围的《中国民居建筑》[⑨]（陆元鼎，2003）。这一类书籍往往就建筑论建筑，具体内容都是围绕某一具体地点的民居建筑平、立、剖面形态展开，并进行具体划分和深入刻绘。

2) 侧重于地域文化或其他方面的研究。建筑这一物质形态的更迭与变迁是文化流传的重要组成部分，源远流长的民居文化自然成为对民居本体研究外的又一重点。例如赵新良编著《诗意栖居：中国传统民居的文化解读》[⑩] 以现代阐释学和接受美学的视角，对传统民居按照地域文化进行分类，按照地域主流文化、地域主体民族（民系）建筑文化、地域典型民居形态结构把我国传统民居划分为七大类，并剖析七种地域文化传统民居建筑类型凝聚与传承的地域物质文化、制度文化、意识文化等。该书的对象是民居，但是意在谈民居背后隐藏的博大精深的传统建筑文化。早在 1997 年，陈志华先生就建议用"乡土建筑研究"替代"民居研究"，认为乡土建筑研究应包含更宽广的范畴，即民居研究和其他各种建筑类型研究、聚落研究、建筑文化圈研究、装饰研究、工匠研究、有关建造的迷信

① 郭谦. 湘赣民系民居建筑与文化研究［M］. 北京：中国建工出版社，2005.
② 尼跃红. 北京胡同四合院类型学研究［M］. 北京：中国建筑工业出版社，2004.
③ 李晓峰. 乡土建筑——跨学科研究理论与方法［M］. 北京：中国建筑工业出版社，2005.
④ 王翠兰、陈谋德. 云南民居［M］. 北京：中国建筑工业出版社，1986.
⑤ 侯继尧. 窑洞民居［M］. 北京：中国建筑工业出版社，1989.
⑥ 严大椿. 新疆民居［M］. 北京：中国建筑工业出版社，1995.
⑦ 侯继尧，王军. 中国窑洞［M］. 北京：中国建筑工业出版社，1999.
⑧ 牛建农. 广西民居［M］. 北京：中国建筑工业出版社，2008.
⑨ 陆元鼎. 中国民居建筑［M］. 广州：华南理工大学出版社，2003.
⑩ 赵新良. 诗意栖居：中国传统民居的文化解读［M］. 北京：中国建筑工业出版社，2009.

和礼仪研究，等等。而且，这一概念范畴的界定与英文的"vernacular"含义更加接近。他在《楠溪江中游（中华遗产乡土建筑）》①《诸葛村（中华遗产乡土建筑）》②等著作中，以"生活圈"为单元进行研究，把乡土建筑与整个文化环境紧密联系起来。《福建土楼：中国传统民居的瑰宝》③（黄汉民，2003）以及《中国民居研究》④（孙大章，2004）等都属此列。

2. 实践研究

（1）单德启教授与"人与居住环境——中国民居"科研组⑤

清华大学教授单德启先生是一位乡土民居研究的探路者，很早就致力于中国乡村民居的改造实践。他长期的研究成果部分刊登于杂志报纸，部分出版书籍，如《中国传统民居图说》徽州篇、桂北篇、越都篇、五邑篇⑥，《从传统民居到地区建筑》⑦ 等，都对我国乡村建筑研究具有重要的借鉴意义。

单先生认为现存中国民居具备双重性，即它既是传统建筑，又是乡土建筑文化的历史遗存。它带有历史文物的性质。然而它更是几亿乡民的居住现实，是人民基本的生活条件。因此，少量的、多种方式的（包括民俗文化村这种展示性的复制）保存是必要的，而大量的更新改造更需要引起我们的重视和兴趣。因为我们不能仅仅"消费"传统，我们更要"生产"和创造传统。⑧

在这样观念的驱使下，他带领的"人与居住环境——中国民居"科研组于 1987 年开始对广西融水县木楼寨民房进行改建。改建对象是广西少数民族地区典型的两个村寨整垛寨和田头屯寨。该地区人口增长速度快、资源短缺、长期受到火灾困扰且经济极度贫困。以整垛寨为例（如图 1-3，图 1-4），在与融水县水泥总厂民房改建工程公司合作后，采取就地取材、自主参与、统一回收原有木料等措施解决了改建资金问题。从设计角度而言，改建户的二层砖混楼，扩大了有效使用面积，做到人均 $17m^2$。保留了坡屋顶而不是一律新建平屋顶，配置了半敞开楼梯或扩大了敞厅、敞廊不仅降低了造价，还在丰富建筑造型、表达乡土风貌和保留某些干栏穿斗信息上有所突破。整垛寨在单体民房改建的同期完成了环境整治、公建小品和公用实施。部分改建户修建了沼气池，用上了沼气发电和气灶。

在田头屯寨改建设计中，该课题组还根据改建户功能要求建立空间模型，根据不同地段、不同家庭规模与不同的经济承受力，在设计的四种类型建筑方案中局部调整并逐户落实。除以水泥空心砖砖混结构墙体、楼面代替木构外，仍然保留大坡青瓦屋顶，并在建筑造型上保留较多的木楼干栏信息，如山墙局部露明穿斗架、二层小披搭桃廊木吊柱以及将沿坡改建户的底层半架空作为储藏间等。

---

① 陈志华，李秋香. 楠溪江中游（中华遗产乡土建筑）[M]. 北京：清华大学出版社，2010.

② 陈志华，李秋香. 诸葛村（中华遗产乡土建筑）[M]. 北京：清华大学出版社，2010.

③ 黄汉民. 福建土楼：中国传统民居的瑰宝 [M]. 北京：生活. 读书. 新知三联书店，2003.

④ 孙大章. 中国民居研究 [M]. 北京：中国建筑工业出版社，2004.

⑤ 本部分根据"单德启. 欠发达地区传统民居集落改造的求索——广西融水苗寨木楼改建的实践和理论探讨 [J]. 建筑学报，1993，4：15-19"和"单德启，袁牧. 融水木楼寨改建 18 年——一次西部贫困地区传统聚落改造探索的再反思 [J]. 世界建筑，2008，07：21-29."相关资料整理。

⑥ 单德启等. 中国传统民居图说：徽州篇、桂北篇、越都篇、五邑篇 [M]. 北京：清华大学出版社，1998-2000.

⑦ 单德启. 从传统民居到地区建筑 [M]. 北京：中国建材工业出版社，2004.

⑧ 单德启，袁牧. 融水木楼寨改建 18 年——一次西部贫困地区传统聚落改造探索的再反思 [J]. 世界建筑，2008，07：21-29.

图 1-3　整垛寨改造前状况　　　　　图 1-4　整垛寨改造后情形

图片来源：单德启，袁牧. 融水木楼寨改建 18 年——一次西部贫困地区传统聚落
改造探索的再反思 [J]. 世界建筑，2008，07：21-29.

在广西融水县木楼寨民房改建的实践中，我们可以看到单先生在乡土建筑实际操作中不拘泥于传统的材料，合理改善与利用自然材料，正如他所谓的"人类文明发展进步的一个重要标志就是不断调整自然资源的使用结构。从随手使用原生材料到更多地使用加工过的劳动和技术密集型的材料，从而充分合理地利用材料的物理、力学性能，节约材料"。此外，单先生还注重从建造合作模式以及技术角度帮助解决偏远贫困地区的建造经济问题。通过协调村民、企业、政府和建筑师四者之间的关系，优化整合多方资源，达到共赢机制。尽管深知钢结构比钢筋混凝土结构更适合用于干栏木楼的改建，但由于经济技术成本，却并未采用。长期以来，单先生走出了一条理论与实践结合的乡土建筑改造探寻之路。在乡村建造理论缺失的情况下，单先生及其课题组深入贫困山区，探察当地地理特征和文化习俗，考究问题所在。他没有简单地保留和复古当地民居的传统特征，而是针对村民的需要，运用专业技术理论，改善村落人居环境与村民生存状态。

（2）西安建筑科技大学地域建筑实践研究

西安建筑科技大学绿色建筑研究中心长期致力于我国西部地域乡村建筑的研究与实践，先后在黄土高原地区、长江上游地区、西北荒漠区、四川与青海地震灾区等地相继开展乡村民居生态化研究与示范工程建设。同时承担并主持多项国家级课题，如《传统民居生态经验的科学化与技术化研究》《西部生态民居》《西藏高原节能居住建筑体系研究》《宁夏村镇住宅可再生能源利用技术开发》《西北地区传统生土民居建筑的再生与发展模式研究》《西部地域建筑环境与能耗控制》等。

1997 年，研究中心在国家级课题《绿色建筑体系与黄土高原基本聚居模式研究》的支持下，针对黄土高原生土特征，通过对传统窑洞民居的生态建筑经验进行科学化与技术化研究，研究、创作、设计、试验出一种建立在黄土高原地区社会、经济、文化发展水平与自然环境基础之上，适合黄土高原乡村地区现代生产生活方式的新型绿色窑居建筑体系，并将这一研究成果应用于陕北延安枣园村住区建设项目。

绿色建筑研究中心对乡村建筑的研究集中于继承传统地域建筑气候适应性经验，改善结构与构造体系，引入可再生能源利用技术等方面，改进传统居住模式、建筑形态、技术体系，并通过客观测试与主观评价等方式开展前期实地调查与后期追踪评价。对我国乡村民居建设具有实践指导意义。

由西安建筑科技大学王军教授承担的国家自然科学基金项目"生态安全视野下的西北

绿洲聚落营造体系研究"，针对绿洲人居环境的突出矛盾——绿洲生态安全面临威胁，从西北绿洲地区传统聚落变迁与当代发展、西北绿洲地区生土聚落的种类及分布特征、西北绿洲地区生土聚落中的绿色生态技术分析与优化、西北绿洲地区新型小康生土聚落营造技术集成与示范等方面对绿洲人居环境的改善进行了探索。

（3）柏文峰教授与绿色乡土建筑研究所①

昆明理工大学教师柏文峰，是一位致力于长期从事乡村建筑实践的建筑师。他研究的领域涉及民居的可持续营造问题，对于我国大力开展的新农村建设具有实际指导意义。针对云南民居结构体系与天然建材利用的现状及存在的问题他开展过深入的调查，对小构件整体预应力预制装配式结构体系和生土、原竹等天然材料从绿色、地区、整合、社区参与、实证等多角度进行了策略研究，并将研究成果应用于西双版纳傣族民居、香格里拉藏族民居的建设实践。

传统傣族民居是干栏式建筑，主体结构以穿斗式联结为主，辅以捆绑式联结，主要建筑材料为竹材或木材，屋面覆盖草排。由于近些年的滥砍滥伐和毁林开荒，使得西双版纳森林面积急剧下降，在民居建设中无法大量采用木材。为保持传统民居的干栏式建筑架空通透特点，采用现代建筑技术及新型建筑材料就成为必然。结合以往所做的傣族新民居试验性研究成果，曼景法村新民居主体结构采用整体预应力装配式（IMS）② 体系新技术（如图1-5）。屋顶材料采用新型瓦材，防水、防火、防虫、防腐。屋架采用钢结构或钢木结构，充分利用原有旧木材，以降低房屋造价、减轻住户经济负担，同时便于村民参与自建和屋顶形式的灵活多样化。

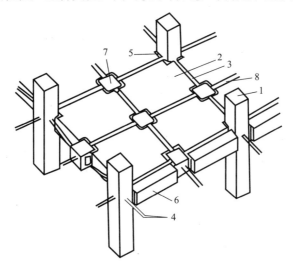

图1-5 IMS体系大柱网垫块式拼板技术
1—柱；2—楼板；3—明槽；4—力筋；5—接缝砂浆；6—边梁；7—垫块；8—拼缝
图片来源：胡海红，柏文峰. 探索传统民居合理的更新途径——以西双版纳曼景法村傣族民居更新实践为例［J］.
建筑科学. 2006，22（6A）：61-64.

① 本部分根据"柏文峰. 云南民居结构更新与天然建材可持续利用［D］. 北京：清华大学，2009."和"胡海红，柏文峰. 探索传统民居合理的更新途径——以西双版纳曼景法村傣族民居更新实践为例［J］. 建筑科学. 2006，22（6A）：61-64."相关资料整理。

② IMS体系有两种基本构件：柱和楼板体系的基本原理是用后张拉法将楼板和柱连接起来，在板和柱之间形成预应力摩擦节点，楼板的垂直荷载靠四角摩擦力传给柱子。

类似的结构做法与建材选择也体现在香格里拉藏族民居与藏汉双语小学的实践中。香格里拉传统藏族民居具有鲜明的地域和文化特征，在保持民族传统风格的前提下，引入绿色建筑理念提升居住质量并减少木材消耗和节约能源。在藏汉双语小学建设中，柏教授追求能源与资源的有效利用，采用有益健康、环境友好型建材与技术，尊重自然与地方传统，力求在新的技术条件下，创造适应自然环境的、与使用功能相适应的藏汉双语示范小学。具体措施是采取在学校的教师宿舍部分采取小构件预应力整体装配式梁柱结构，有限黏结预应力装配式钢筋混凝土梁柱结构，新型压土砖，轻质稻草板和植物纤维瓦，可再生能源太阳能等。这些技术措施减少了主体框架对木材的使用与屋顶部分对木瓦片的使用，降低了森林资源的压力。

柏文峰教授在云南西双版纳以及香格里拉等地民居建设中，在整合现有技术的基础上，对云南民居结构体系进行更新，并开发利用天然建材，对国内外民居及村镇建筑的可持续建造具实际应用价值。

（4）谢英俊与乡村工作室

中国台湾建筑师谢英俊，长期致力于探索适合中国乡村现状的建造思维与模式，将重点放在贫困地区弱势群体的农宅建造上。"永续建筑和协力造屋"是谢英俊在实践乡村建筑过程中的具体指导观念。"永续建筑"（sustainable building），即可持续建筑。"协力造屋"计划来源于1999年中国台湾的"九二一"地震后谢英俊帮助建设的当地原住民邵族重建家园。鉴于资金的短缺，谢英俊提出了"协力造屋"计划（如图1-6），组织当地农民自助造屋，以劳动力来弥补资金的不足。谢英俊以可持续性建筑为目标，采用适用技术与生活化手段建造绿色建筑；建立小区自主（非依赖性）的营建体系，利用富余劳动力和就地取材，降低对主流营建市场以及对货币的依赖，同时简化生产设备以减少资本投入；以农村合作社机制替换传统的换工模式，透过协力互助与集体劳动，凝聚小区意识、建立小区主体意识，并保持文化的多样性。这些理念通过村民的合力造屋过程，将环境、经济和文化议题纳入设计与建造过程。

图1-6 谢英俊倡导的协力造屋

为实现永续建筑的理念，他提出了"开放建筑"和"简化构法"的建造方法。开放建筑，即构造、空间配置上区分变与不变原则，以适应多样性需求。建筑师不可能量身定做每一户乡村住宅，因此寻找一套基本通用的空间形式、材料、构造体系等，成为一种适合于当地的通用做法。简化构法，即让非专业建筑者都能参与施工与安装，以通用做法为基础灵活调整和改变以适合于自宅使用。开放建筑的做法贯穿着整个建造过程，包含着建筑师提供通用做法和使用者的灵活改变，而简化构法是实现村民自己造屋的手段。

中国台湾"九二一"大地震中，日月潭周围原住民的房屋大部分倒塌。鉴于政府提供的资金仅占25%～60%，谢英俊的方式是就地取材、提出自己的设计思路，并组织和指导部落内的失业人员自己动手盖房，最终为邵族人建起了品质还不错、又省下了施工费用和购买大量原材料费用的房子。

2005年8月，通过网上招募谢英俊聚集了40多名来自清华大学、天津大学、同济大学、西安建筑科技大学等二十多所高校建筑专业的学生，到河北翟城村参加"暑期建筑工作队"，倡导大家亲自动手建造农宅，目的是使钢筋混凝土小洋楼在农村地区的泛滥现状得以改善。大概两个月的时间。学生们在谢英俊指挥下建成了地球屋 001 号（如图 1-7）、地球屋 002 号（如图 1-8）和印尼亚齐省麻达屋 002 号三座住宅。这些住宅材料取自当地的木材、泥土和草料，建成木梁木檩、麦秸泥墙、灶台火炕等富有当地气息的传统式样的"老房子"。这种房子的建造费用连工带料不到 5 万元，其中包括材料和人工成本。在当地建这样的房子，目的就是给当地村民以示范效应，使得流行于农村的"现代小洋楼"观念得以改变。

图 1-7 地球屋 001 号　　　　　　　　　图 1-8 地球屋 002 号

在 2008 年"5·12 汶川大地震"后，谢英俊参与震后重建工作。在四川茂县太平乡杨柳村 56 户村民重建项目中，根据当地建筑特色，依据可持续设计理念，就地取材，协力造屋。以冷弯薄壁型轻钢结构为房屋主体，既满足了房屋的抗震和使用性能，又大大降低了施工难度和房屋重量。就地取材的方式很好地控制了成本，实现环保理念。[①] 杨柳村村民采用协力造屋的模式完成了从结构搭接到墙体砌筑、浇筑的全过程。

谢英俊带领他的乡村建筑工作室先后完成了中国台湾日月潭 9.21 邵族部落、天湖部落、煤源部落、松鹤部落等原住民迁村，河北定州乡建学院地球屋系列，河南兰考农村生态农房，"5.12 汶川大地震"灾后重建汶川、茂县、青川等地 500 余户的生态农房，中国台湾八八水灾灾后"中继屋"重建等多项乡村建筑迁建重建项目。在这些项目中，谢英俊都在贯彻落实他的"永续建筑，协力建屋"理念，对经济欠发达地区尤其是受灾地区弱势族群争取居住权及协助其自力造屋方面发挥着巨大作用。对于保持乡土建筑的可持续方向，鼓励当地群众参与建设，降低建造成本等方面具有借鉴意义。但是在理念推行中，谢英俊遇到不易于推广的困难。当地村民不接受类似于祖屋的传统式样，认为只有西方现代住宅才是真正的现代生活标志。因此，在现代乡村环境进行乡土建筑实践，改变农民居住观念是首要条件。当然，观念的改变不是一时之事，需要长期反复的探索与实践。

除上述目前典型地域建筑的实践外，一系列国家课题的支持也代表了各地学者对地域建筑与人居环境的研究与实践。清华大学宋晔皓教授，从长江三角洲传统的"竹筒式"住宅研究，对"张家港市双山岛生态农宅建设"等项目进行了实践研究；昆明理工大学王冬教授承担的国家自然科学基金项目"少数民族贫困地区乡村社会建筑学基本理论研究"；

① 聂晨，杨健. 茂县太平乡杨柳村灾后重建——轻钢结构房屋体系示范生态重建［J］. 建设科技. 2010，5（9）：44-48.

哈尔滨工业大学金虹教授承担的国家自然科学基金项目"严寒地区乡村人居环境与建筑的生态策略研究"等，都在乡村建筑与人居环境建设方面做出了理论与实践探索。除此外，更有清华大学吴良镛院士在"广义建筑学"基础上发展出的以建筑、地景、城市等多维视野构建的人居环境理论研究[①]。浙江大学王竹教授的研究团队从中观层面开展地区人居环境营建体系研究[②]，并引入生物基因理论，将地域营建体系构成因素概括成"地域基因"，建立了黄土高原窑居营建体系基因库和长江三角洲绿色住居营建评价体系。这些研究从崭新独特的视角架构了人居环境的研究体系，为实践提供了科学理论和方法。

1.3　存在问题与研究定位

1.3.1　存在问题

纵观上述国外地域建筑研究的成果，我们发现理论研究多集中于对乡土建筑的概念阐述、社会调查，资料收集等；实践探索体现在对传统建筑材料、技术等的继承与应用，对自然气候条件的因借与利用等。

长期以来，我国地域建筑的理论研究，内容主要集中在乡土建筑的起源、分布、形态、环境特征以及历史演变等方面；实践方面，呈现个案研究、偏重技术层面解决局部地区的结构构造问题、推行生态可持续发展理念等倾向。同时出现了从人居环境以及地区人居环境营建体系等宏观层面的概念阐述与理论建构，而且在此理论下出现过成功的个案研究。

本书面临的问题是，在这些宏观理念的指引下，如何更好地落实于适应于某一地区具体环境的建筑创作层面。对此，仍然缺乏系统的行之有效的方法指导。尽管目前我国地域建筑实践的案例不少，但大都属于地区个案研究，并未形成针对某一地区建筑创作的系统理论与方法。之所以称为地域建筑，是因为在面对某一地区共同的自然地理环境、文化环境以及经济技术条件时，建筑的应对措施必然存在某些共性特征，这些特征不仅仅停留在空间、符号、细部等方面。研究能够衡量这些共性特征的建筑属性，成为指导地域建筑更新的可遵循的方法。随着方法论的建立，与之相关的就是如何指导具体的实践。只有经过实践检验，才能称之为是方法，也才能体现其意义。

1.3.2　研究定位

本书将以目前被城市化强烈冲击的乡村建筑为地域建筑的典型代表，对地域建筑的属性、属性之间的关系等相关问题进行研究，作为地域建筑共性特征研究的理论体系，并将该理论在实践中运用与验证。

之所以选择乡村建筑，原因在于：首先，大多数城镇建筑性质较为单一，如住宅建筑仅承担与居住相关的起居、饮食、会客等功能；办公建筑仅承担办公、会议等相关功能；相比较而言，乡村建筑具有更复杂的功能化需求，尤以乡村民居为典型代表，它兼具居

① 吴良镛. 人居环境科学导论 [M]. 北京：中国建筑工业出版社，2006.

② 魏秦. 黄土高原人居环境营建体系的理论与实践研究 [D]. 杭州：浙江大学，2008.

住、生产、社会生活等多项功能。因此，从研究意义而言，更具复杂性与挑战性。其次；与城市建筑相比，乡村建筑由于受全球化、城市化影响较弱，其地域性特征体现地更为明显与强烈。因此，以乡村建筑为载体进行地域建筑研究更具代表性。

　　本书在对地域建筑的研究中，地理范围界定于我国西部地区。西部，是相对于东部而言。我国政府按照地理位置将我国领土范围划分为东、西、中三个部分。西部地区范围，2000 年国务院关于实施西部大开发若干政策的通知中，明确指出，"西部开发的政策适用范围包括重庆市、四川省、贵州省、云南省、西藏自治区、陕西省、甘肃省、宁夏回族自治区、青海省、新疆维吾尔自治区和内蒙古自治区、广西壮族自治区"，正式确认了西部地区的范围。西部地区介于东经 73°25′～126°04′和北纬 20°54′～53°23′之间，跨越 52 个经度和 32 个纬度。但其绝大部分却位于东经 110°以西。依照 2001 年中华人民共和国行政区划简册，西部地区面积为 660.83 万 km²，占全国领土面积的 68.83%。[①] 而截至 2010 年全国第六次人口普查，人口数为 3.60 亿，占全国人口总数（13.70 亿[②]）的 26.89%。[③]

　　以西部地区为研究范围，原因有二：其一，西部地区相对于东部地区，经济发展水平相对落后，地形复杂，自然条件差异大，少数民族聚集，因此地域建筑发展呈现不均衡性、差异性。对其研究更具地域文化多样性价值。其二，作者所在的课题组长期致力于我国西部地区乡村建筑的更新与建设实践，曾对青藏高原、西北荒漠、长江上游、川西地区的乡村建筑进行了大量调查与测试，并进行乡村建筑的当代发展与更新研究，为本文研究地域建筑提供大量案例与数据支持，更具说服力。

---

　　① 秦大河，王绍武，董荣光. 中国西部环境演变评估. 第一卷：中国西部环境特征及其演变 ［M］. 北京：科学出版社，2002；
　　② 国家统计局. 2010 年第六次全国人口普查主要数据公报 ［EB/OL］. 国家统计局网，2011-04-28.
　　③ 国家统计局. 2010 年第六次全国人口普查主要数据公报 ［EB/OL］. 国家统计局网，2011-04-29.

第2章 地域建筑的产生与发展

为了探索正确的地域建筑更新理论，有必要从地域建筑本源切入。本章在追溯地域建筑的起源、发展与演变的历程后，归类分析了当代地域建筑创作的方法体系，旨在发现其历史局限。这一局限成为地域建筑需要解决的首要问题，也成为探讨更新方法的切入点。在可持续发展理念的基础上努力探寻地域建筑的发展方向，以利创作方向的正确。

2.1 现代建筑及其演变

2.1.1 现代建筑的产生、发展及其演变

现代建筑运动起始于20世纪初期。在经历了资产阶级革命后，欧美国家社会在社会结构、经济发展、技术发展、人们生产生活方式等方面发生了完全不同于封建时期的状况，这些成为现代建筑形成的主要社会背景。其中，尤以18世纪中叶发端于英国的工业革命为这一背景的典型代表。从意识形态来说，产生现代建筑思想的主要因素在于对于传统的否定态度、要求建筑具有时代感、建筑服务对象的改变。现代艺术运动如为现代建筑在平面构图、立体构成上提供了完全不同于以往任何一个时期的、适宜于当时审美立场的强有力的艺术支持。新兴科学技术在建筑领域的应用使得建筑技术日臻完善，为现代建筑的产生提供了强有力的技术支持，奠定了现代建筑发展的基础。其中包括结构力学、画法几何、度量衡制度标准化等等。影响最大的技术因素就是钢铁与钢筋混凝土在建筑中的广泛应用。1890年前后，钢筋混凝土结构被大量广泛应用于欧洲和美国建筑市场，成为现代建筑产生并大步向前推进的技术手段。现代建筑在工业革命这一社会背景的推动下，在西方现代艺术的支持下，在新兴建筑材料与技术手段的运用下，开启了完全不同于以往传统、古典建筑的新篇章。

现代建筑的发展经历了"现代主义"（Modernism）和"国际主义"两个主要阶段。

现代主义建筑大约发展于20世纪20年代，到第二次世界大战爆发前后，主要形成于经济比较发达、经济形态比较先进的欧洲和美国。其中典型的代表人物格罗皮乌斯师承贝伦斯，继承了贝伦斯功能化、理性化处理问题的方式，对于功能与现代美感的结合形成了自己独到的见解。密斯·凡德罗提出了"少就是多"的设计原则奠定了现代主义建筑风格。勒·柯布西耶主张建筑设计要向前看，否定传统装饰，认为代表未来的是机器美学，著名格言"房屋是居住的机器"。他是机器美学的重要奠基人，对于机器产品的膜拜导致他在建筑和城市规划上仿效机械的原理与形式。之所以能够长期存在与发展，是因为在加快恢复战后生产、适应当时社会需求方面现代主义建筑具备：重视解决建筑的功能问题、推崇技术原则、勇于打破传统、确立以空间为主的构图维度、节约经济意识的提高、崇尚理性主义观点等优势特征。由于契合了当时变革的社会背景以及大众对建筑普及化的需

15

求，现代主义建筑思想在两次世界大战之间得到大力弘扬和发展。

第二次世界大战后，现代建筑思想在美国得到更多的试验与发展，并在 20 世纪 50 至 70 年代日趋完善成国际主义风格。该风格以密斯的"少就是多"的减少主义原则作为主要的建筑形式，突出建筑结构，强调简单、明确的特征，强调工业化特点。与此同时，还出现了粗野主义、典雅主义、有机功能主义等几种其他流派与风格。虽然称谓各不相同，但从建筑思想、建筑结构、建筑材料等方面，他们都属于国际主义风格运动，只是在各自形式上具备各自不同的特征。此时还出现了除罗皮乌斯、密斯、勒柯布西耶、赖特等第一代建筑大师以外的其他建筑大师与建筑集团，例如丹下健三、雅马萨奇、爱德华·斯东、贝聿铭、埃罗·沙里宁、皮埃尔·奈尔维、SOM 设计事务所等等。

现代主义建筑与从它派生出来的国际主义建筑，是整个 20 世纪建筑运动的中心，左右了整个世纪的建筑活动、建筑思潮，改变了世界物质面貌。从 20 世纪初直至 20 世纪 60 至 70 年代，后现代主义产生之前，现代主义建筑几乎成为席卷全球的主流建筑文化，尤其在二战后发展成为国际式风格，它充分反映了世界现代建筑发展的普遍价值追求。可以说，它是工业文明的时代产物，以其深刻的思想内涵和思维方式主导着工业革命以后世界建筑的发展。

当现代建筑发展至 20 世纪六七十年代，出现了各种对现代建筑思想的挑战，诸如后现代主义、高科技风格、解构主义、新现代主义等一系列为了打破单调的现代建筑而存在的建筑倾向。这些倾向可以分为两个主要方向，即以古典主义和历史风格对现代建筑进行装饰的后现代主义；另一个即对现代主义的重新修正、改良与发展，其中包括解构主义、高技派风格、新现代主义等。

笔者认为 20 世纪 60 年代至今的建筑发展过程中，无论是后现代主义、高技派、解构主义还是新现代主义以及其他一些建筑家集团、建筑大师的个人探索都源自早期西方现代主义建筑思想，从根源上讲是同出一辙，都是现代主义建筑思想在当代具体社会文化背景下的具体表现，因此都隶属于现代建筑范畴，是现代建筑派在不同时代的分支。

2.1.2 现代建筑地域适宜性的缺失

现代建筑由于对工业技术过分依赖，因此，在长期的设计与建造过程中形成对自然环境的漠视、对人文环境的忽略、对人类心理需求与社会需求的忽视。

现代建筑诞生于工业革命的摇篮，具备工业技术的本质，也是工业文明的产物。在实现手段上，建筑更加依赖于技术的先进性与优越性。现代建筑在功能-空间的完善与丰富、造型的丰富、结构-构造-材料的突破等方面依赖于现代技术的发展。由此导致受制于工业技术的发展，使得人们在创造建筑的功能、结构、形式时的潜能丧失。这种依赖还会带来一定的负面影响。由于工业化时代大机器在生产、加工、运输、安装、制造等过程中产生有害气体对生态环境的破坏；由于无视地方气候、文化、习俗、传统等因素一律采用几何形体、钢筋混凝土结构等造成对传统文化在历史长河中的断裂，造成民族、地方文化的衰败；由于水泥、钢材、玻璃等现代建筑材料的使用，钢筋混凝土结构、钢铁结构、悬索结构形式的出现，使得建筑以超大尺度和冷漠面孔示人，并且在近人空间的尺度与装饰上缺乏亲切感，造成心理压力等。

由工业技术支撑的形式多样、功能复杂、结构巨型的现代建筑，在全球化、城市化的快速推动下，数量急剧增长。这样大规模的建造与运行现代建筑，势必会耗费大量的自然资源与能源，加剧资源、能源危机，其中包括土地资源的稀缺，水资源的浪费，建筑材料的巨大消耗以及建筑能耗的急剧增长。人类从自然界获得的 50％以上的物质原料用来建造各类建筑及其附属设施[①]，掠夺式开采使得不可再生资源濒临枯竭。不考虑遮阳、绝热措施的现代建筑设计，尤以大量采用玻璃幕墙的公共建筑为典型代表，造成能源消耗的加速上升。据统计，建筑能耗占到社会总能耗的 30％，如果再加上建材生产过程中耗费的能源，与建筑相关的能耗将占到社会总能耗的 46.7％。[②]

现代建筑提出摆脱传统的桎梏、争取自由，具有划时代意义。但是现代建筑建造过程的工业化、标准化和机械化，使其类似于工厂加工，到处"复制"必然使得建筑造型趋于雷同，其历史与时代意义逐步淡化、减弱甚至割裂了现代与传统之间的文化延续性。当现代建筑以机器美学定位其审美观念时，就形成以工业化、标准化、机械化形式断然否定传统古典建筑法则的局面，造成大规模的千篇一律的居住机器以冰冷无情面目示人的景象，把建筑的发展引向了隔断历史传统的境地。与现代建筑所引发的历史断裂问题紧密相关的是文化单一的普遍现象。建筑物作为人类的栖居之所，既承载着生活的物质实体，又是文化的表征。所谓文化，是与当地的地理特征、传统风俗及历史渊源有着密切关系的，由于各地区在这些方面的差异，因此会导致文化的差别。可以说人类文化的基本特征是丰富性与多元化，人的栖居除了最基本的物质功能需要外，还有审美的、习俗的、情感的、宗教的等各种需求。现代建筑观中的功能至上的原则忽视了人们对建筑复杂多样的需求；建筑普适性降低了建筑与城市的可识别性；空间与形式的无地区性加剧了"居住机器"与环境的矛盾。由于不平等的政治和经济基础，国际化的交流产生了西方发达国家的"强势文化"对发展中国家"弱势文化"的冲击、侵略、渗透。在全球范围内导致原本丰富多彩、风格各样的各民族、各地区建筑文化日益朝着趋同、单一的方向发展。

西方现代建筑大师们在追求设计为大众服务的同时，把自己视为救市的英雄，认为只有自己才能够为 20 世纪的世界提供新的生活方式。而他们服务的对象——群众，在设计需求、设计思想上是没有权利参与讨论的。这种精英主义的高度理性以及无视人的心理需求的做法，导致在设计上出现了单调、刻板的趋向。虽然现代建筑以功能至上为第一要务，但其实所谓的功能主义考虑的仅仅是物理性功能，即人的生理需求的满足，而忽视了心理功能的客观存在。这在大多数现代建筑中都有体现，如勒·柯布西耶的马赛公寓。建筑下部粗壮的"V 形"钢筋混凝土支柱以及粗糙的表面处理给人以沉重的心理压力；底层架空的停车空间忽略了附近宽敞空地的存在；建筑内部"街道"的设计忽略了法国人习惯逛市场的自由性格；屋顶天台的设置忽略了马赛的地中海气候，等等。

社会是由人组成的复杂的社会关系的总和。人是组成社会的个体，个体的需求组合而成社会的总体需求。尽管个体需求千差万别，但在社会持久发展方面，这些需求的指向大致一致，即对生存环境持久发展的需求。从前文分析可知，由于现代建筑对工业技术的过

---

① 中国城市科学研究会绿色建筑与节能专业委员会绿色人文学组. 绿色建筑的人文理念［M］. 北京：中国建筑工业出版社，2010：136.

② 牛建宏. 建筑——最大能耗"黑洞"［J］. 中国经济周刊，2007，(41)：18-22.

分依赖导致的对自然环境、文化环境的忽视，使得自然生态平衡破坏、历史发展脉络断裂、文化多样性消失等，从物质与精神两个层面无视人类生存环境持久发展的需要。

综上所述，由于现代建筑对工业技术的依赖、对自然环境的忽视、对文化环境的忽略、对人类心理与社会需求的忽视等历史局限性使得人工环境与自然环境、人文环境之间产生较深的矛盾。导致了从 20 世纪六七十年代起，现代建筑就受到后现代主义、高技派、解构主义、新现代主义等其他建筑思潮与流派的冲击，使其的发展面临尴尬境地。这些思潮与流派分别从多元建筑文化、先进材料与技术的应用、内部秩序及秩序关系的颠倒与置换、对现代主义建筑原则与手法的继承与发展等等方面进行尝试与探索当今建筑的发展趋势，使得建筑界呈现出多元并存、和而不同的繁荣景象。其中，还有一种建筑形式长期以来一直处于发展的边缘，如今也在建筑文化多样化时期蓬勃发展。因其自身优势，它在处理环境问题、回应社会文化、借助并合理利用经济技术条件等方面发挥着巨大潜力和作用，引起了建筑界的再一次关注。这就是方兴未艾的地域建筑。

2.2 地域建筑的由来、发展及演变

地域建筑并非是从某一时段流传开的一种流派或主义，只要有建筑存在，就有它特有的地方气质，建筑材料、构造方式、室内装饰、造型色彩等任一方面都能够标识着此地与彼地、或多或少的区别。无论是古希腊时代的城邦，还是哥特建筑、文艺复兴建筑，都有其自身的地方特征。

2.2.1 缘于政治意义

古希腊时代，各个城邦就有使用建筑元素以显示对土地的占有及主权的做法。但当时更普遍的做法是使用地域母题来表达对地域本源的追忆。例如，神庙里阿波罗颈上的颈环。

古罗马时代，样式各异的建筑形态完全由自然环境和政治意义所决定，地域建筑标志着政治领域，也体现着气候与物质环境特征。坐拥温和的气候与得天独厚的自然条件，罗马人建造了均衡比例、对称一致的本地建筑。然而当罗马人已不再是当时的统治者时，却有罗马城的市民尼科罗·德·克莱森兹试图用建筑的手段来抗争教皇的皇权统治。他在建造被称为克里宣齐之家的小型宫殿中，在立面设计中嵌入了一列罗马柱廊似的半柱（如图 2-1），借以表达他对罗马古典主义建筑的怀念。

图 2-1 克里宣齐之家立面
图片来源：[荷] 亚历山大·楚尼斯，亚纳·勒费夫尔. 批判性地域主义——全球化世界中的建筑及其特性 [M]. 王丙晨译. 北京：中国建筑工业出版社，2007：4.

地域主义运动发端于 18 世纪早期的英国"如画"运动。之所以称之为"如画"，是缘于法国画家克洛德·洛兰的说法，尽管他一生大多数时间都待在罗马，但是却创作出以大自然和人为背景的带有乡土味道的早期意大利式风景画，不同于以往以历史和神话为主要成分的法国学院派画风。这种绘画被忠诚于自然且不受专制主义

所左右的英国人所热衷，体现在建筑设计上就是关注和维护独特性与多样性，并不被所谓的"主流"和"标准"所淹没。此时的地域风格具备两个明显特征，一是它与民族主义相关联；二是环境成为设计考虑的先决条件。与此同时，在多元化与多样性被默许的前提下，鉴于中国山水画无视西方绘画中几何、透视、均衡等原理，而成就地域之美的另一番景象。

总结来说，在古代西方世界，地域总是以专制政治为背景而出现，与主流的传统、古典、通用做法此消彼长，以示对专制主义的反对与抗争。"无论是在哪种政治环境下，从文艺复兴以来，每当外部的政治力量无视地方特性——无论是建筑、城市还是景观——并给其强加某种国际化、全球化和普适性的建筑模式时，就会有力量对这种趋势进行批判和反抗。"[①] 这种力量就是地域。

地域的特征可以被理解为个性、多样、变化、不拘一格，尤其是对当时当代通用的法则、古典传统、一成不变的思维方式的大胆挑战，是走在时代前沿的思想。也许社会中只有少数人敢于提出与当代通常做法不相一致，甚至是违背的做法，难免有使该领域倒退的可能，但是提出不同寻常想法的勇气值得称赞，是这些少数派推动了该学科的发展，这才称得上是"创新"。在历史的长河中看，这其实是一种螺旋前进的方式，与人类社会文明发展相似。

伴随着浪漫主义运动，18世纪晚期，地域主义进入了浪漫时期。之所以称之为浪漫，是因为当时的地域建筑最明显的特征是除了对民族特质的追求外，更注重对过去的回忆和神往，总试图以迷惘的做梦状态从建筑中领悟到过去的辉煌。

2.2.2 商业利益驱动

19世纪，为了纯粹的商业目的，旅游纪念地被用来大做文章，为了掠取游客的好奇心，不顾建筑所处地区，随意营造具有强烈地方特色的场所或表皮，最典型的例子是利用国际博览会建造的地方建筑。同样，在我国改革开放之初，也经历了类似的时期。20世纪80年代初期，对地域建筑特色的主动追求基于满足旅游者的视觉需要和审美情趣，以乡土建筑风格作为形成地方建筑的有效手段。所不同的是，西方建筑界以追求功利的商业目的而不管不顾具体环境，无论适宜与否，直接照搬照抄。但是，我国建筑师除了满足外国游客的好奇心外，还注重表达建筑所处的特殊环境，从具体环境出发做文章。典型的代表是著名的上海龙柏饭店（如图2-2），设计者把满足国外旅游者的心理需求作为创作地区特色出发点，同时无论是功能布局、室内外空间，还是建筑造型、饰面材料等都从环境出发。另一个就是齐康先生设计的福建武夷山庄（如图2-3）。设计者坦言，该作品"具有强烈的地方色彩，这正是旅游者向往和追求的一种乡土情趣，也是外国旅游者心目中寻求的'异国情调'。"[②] 除此外，建筑组群和单体设计借鉴当地传统民居空间形式布局，使用地方建筑材料，在建筑外在形式上模仿当地的坡屋顶和悬梁垂柱，室内设计突出当地砖雕、石刻、木雕、竹编等传统工艺来塑造内部环境。

---

① ［荷］亚历山大·楚尼斯，利亚纳·勒费夫尔. 汤阳校. 批判性地域主义——全球化世界中的建筑及其特性［M］. 王丙辰译. 北京：中国建筑工业出版社，2007：23.

② 杨子坤，赖聚奎. 返璞归真，蹊辟新径——武夷山庄建筑创作回顾［J］. 建筑学报. 1985，（1）：16.

图 2-2　上海龙柏饭店
图片来源：郝曙光. 当代中国建筑思潮研究［D］.
南京：东南大学，2006：80.

图 2-3　福建武夷山庄
图片来源：郝曙光. 当代中国建筑思潮研究［D］.
南京：东南大学，2006：81.

2.2.3　与现代建筑抗争

20 世纪，美国地域建筑盛行时期，代表作是美国旧金山海湾区的建筑。与此同时，却有现代建筑的拥护者将其视为"祖国建筑"或"村落风格"。地域主义建筑师威廉·伍斯特断言："建筑是一种社会艺术"，而"房屋不可能、也不应该当然地存在于不属于它的环境中"。尽管当时国际式风格盛行一时，如密斯的西格拉姆大厦、范斯沃斯住宅，但地域建筑也不乏典型代表，如伊特拉的特雷梅恩住宅，保罗·鲁道夫的希里住宅，哈里斯的约翰逊住宅，赖特的旅行者礼拜堂和雅各布斯住宅，伊利尔·沙里宁和埃罗·沙里宁的波克夏音乐中心的歌剧院，保罗·索列里的沙漠住宅等地域建筑作品。二十世纪四十年代至五十年代初，出现了蕾切尔·卡逊的《寂静的春天》，伯纳德·鲁道夫斯基的《没有建筑师的建筑》。

2.2.4　战后人性化回归

20 世纪五十年代，地域主义的思想已经波及欧洲。阿尔瓦·阿尔托是最典型的代表。他的代表作珊纳特赛罗镇中心主楼（如图 2-4）巧妙利用地形，布局上使人逐步发现，尺度上与人体配合，对传统材料砖和木的创造性运用以及同周围环境的密切配合都说明该作品是在寻求一种融合。另一代表作是沃尔夫斯堡文化中心。阿尔托采取化整为零的手法将会堂与讲堂分别暴露出来，做到形式与功能的对应，并形成强烈的节奏感。此时，地域主义倾向在丹麦、瑞典、挪威也有实践，例如，丹麦建筑师雅各布森设计的哥本哈根附近的苏赫姆的一组联立住宅，就是一组既现代化又乡土风味浓厚的住宅。再如，瑞典建筑师厄金斯设计的拉普兰德体育旅馆等。地域性在 20 世纪 50 年代也在日本流行开来。代表人物丹下健三着重从现代性与传统性的关系来探讨和实践地域性。如1956 年的香川县厅舍（如图 2-5），是一个将传统与现代结合较好的实例。他说："传统是在对其自身的缺陷的挑战中得到发展，地域主义亦是如此。"此时，地域主义最明显的两个特点是解决了现代技术与传统之间的矛盾；解决了新建建筑与历史环境的有机协调问题。例如，罗杰斯设计的维拉斯卡大厦，就是一座现代建筑以一种适当形式巧妙融入周边的历史环境，与吉奥·庞蒂设计的国际式风格的代表作——皮瑞里大厦形成鲜明对比。

图 2-4　珊纳特赛罗镇中心主楼
图片来源：吴焕加，刘先觉等著. 现代主义建筑 20 讲 [M].
上海：上海社会科学院出版社，2006：30.

图 2-5　香川县厅舍
图片来源：王受之. 世界现代建筑史 [M].
北京：中国建筑工业出版社. 2009：291.

除在西方国家的长足发展外，第二次世界大战后，第三世界国家也投入到将地域性与现代性结合探索的道路中。众所周知的埃及建筑师哈桑·法赛，善于运用本土廉价的材料和结构来建筑大量性住宅，并对隔热、通风、遮阳等做了周密考虑和安排，如在埃及卢克苏尔附近建造的新古尔那村和在哈尔加绿洲建造的新巴里斯城。另一个典型代表非印度建筑师查尔斯·柯里亚莫属。他秉承按照当代需要对古代历史重新阐释，并非抄袭和转移的理念，设计的国家工艺美术馆、甘地纪念馆体现了深刻的地域文化内涵。另外，他设计的干城章嘉公寓和低收入家庭住宅也都体现了现代需求与地域特色的结合。除以上两位外，在泰国、斯里兰卡、马来西亚、土耳其、伊拉克、伊朗等国也都从适应现代生活需求出发探索地域建筑的典型实例，这里不再赘述。此时，我国建筑界追求地域特色还处于一种在宽松环境下无意识的自发的状态。典型代表有夏昌世设计的广州鼎湖山教工休养所，因地制宜，顺应山势，结合地形，利用当地材料和拆除的建筑旧料，造价低廉，造型朴素。[①] 同济大学教工俱乐部，建筑结合功能、环境因素，外观依据内部空间组合而设计成风格朴素具有民居特色的建筑形式，尺度适宜，与周围环境协调。[②]

2.2.5　当代发展

20 世纪后半叶，建筑界对地域性问题给予了极大关注。西班牙建筑师莫奈奥设计的马德里银行大楼和国家罗马艺术博物馆都是地方特点与历史元素结合的典范。葡萄牙建筑大师阿尔瓦罗·西扎总能将现代建筑很好地融于自然地貌或城市脉络，他设计的加利西亚当代艺术中心就是响应场所精神的典型。墨西哥建筑师路易斯·巴拉甘，将艺术作品的形式灵感与墨西哥地方乡土元素相融合，并演绎成抽象的建筑语言，典型的作品是艾格斯托

① 夏昌世. 鼎湖山教工休养所建筑记要 [J]. 建筑学报，1956（9）：45.
② 王吉，李德华. 同济教工俱乐部. 建筑学报，1958（6）：18.

姆住宅。马来西亚建筑师杨经文在给自己设计的住宅"双顶屋"是以全新的技术回应当地特殊的气候环境，但却看不到乡土或传统的细节。新加坡建筑师林少伟在吉隆坡中心广场的设计中以传统商业街店铺林立的街道意向，延续了传统生活方式。意大利建筑师伦佐·皮亚诺在努美阿·新客里多尼亚岛设计的吉巴欧文化中心，将现代技术经验运用在传统材料和建造方式的同时利用风、光和植物等自然元素，表达了对当地文化的敬意，在地方与世界，传统与现代之间创造了一个新的综合体。

在当代的我国，对建筑特色探求一直方兴未艾，其中典型的代表有拉萨火车站，苏州博物馆，新疆国际大巴扎，陕西历史博物馆等等。拉萨火车站（如图 2-6，图 2-7）在设计中采用设计手段与现代技术解决自然环境恶劣带来的不利因素。在建造方式、空间形态、材料色彩、壁饰彩绘以及对光线的利用与控制等方面回应了西藏独特的宗教文化与民族传统。由于谙熟伊斯兰教建筑空间及装饰手段的地域差异，新疆国际大巴扎的设计师王小东教授立足于西亚风格，摒弃宗教成分，以功能为形式的主导，运用体量简单、多变的几何形体形成丰富的光影效果，采用砖砌的工艺质感创造了大巴扎的地域震撼力（如图 2-8，图 2-9，图 2-10）。而陕西省历史博物馆（如图 2-11，图 2-12）是一个将传统历史与现代建筑结合较好的典范。它使用现代技术和材料，继承和发扬中国传统文化脉络，同时按照现代人的生活方式，现代人的审美观和价值观来创作内外空间环境。苏州博物馆新馆（如图 2-13，图 2-14）充分考虑苏州古城的历史风貌，借鉴苏州古典园林风格，整个建筑与古城风貌和传统的城市肌理相融合。

图 2-6　拉萨火车站全景　　　　　　　图 2-7　拉萨火车站入口
图片来源：崔凯. 属于拉萨的车站 [J].　　图片来源：崔凯. 属于拉萨的车站 [J].
建筑学报，2006，（10）：44-50.　　　建筑学报，2006，（10）：44-50.

图 2-8　新疆国际大巴扎
图片来源：王小东. 特定环境及其建筑语言——新疆国际大巴扎设计 [J]. 建筑学报，2000（11）：28-31.

图 2-9 新疆国际大巴扎夜景

图片来源：王小东. 播种的历程——新疆国际大巴
扎建筑群创作补记［J］. 城市建筑：23-28.

图 2-10 新疆国际大巴扎步行街

图片来源：王小东. 特定环境及其建筑语言——新疆
国际大巴扎设计［J］. 建筑学报，2000（11）：28-31.

图 2-11 陕西历史博物馆外观

图片来源：张锦秋. 陕西历史博物馆［J］.
世界建筑导报，58-59.

图 2-12 陕西历史博物馆休息廊

图片来源：张锦秋. 陕西历史博物馆［J］.
世界建筑导报，58-59.

图 2-13 苏州博物馆前庭

图片来源：范雪. 苏州博物馆新馆［J］.
建筑学报，2007（2）：36-42.

图 2-14 苏州博物馆庭院

图片来源：范雪. 苏州博物馆新馆［J］.
建筑学报，2007（2）：36-42.

从对地域建筑发展历程的梳理中，不难看出，地域建筑不同于后现代主义建筑、解构主义建筑、高技派建筑以及其他风格建筑等等，那些是现代建筑在当代遭遇多元化需求的产物。而地域建筑诞生于建筑之初，在建筑发展的历史长河中与各阶段主流思想同步发展，此消彼长。在今天这样一个文化全球化时代，由于人们对心理需求的关注，对建筑文化多样化的期待，地域建筑因其传承各地、各民族文化，与自然和谐共处的优势，再一次成为建筑发展讨论的焦点。

2.3　地域建筑创作的典型倾向

地域建筑的发展具有内在的稳定性与延续性，影响其发展的主要因素有以下三点：其一，是由地区的气候条件、地形地貌、自然资源等构成的自然特征以及由建成环境等构成的人工环境，总称为环境因素。环境特征是地域建筑创作的先决条件。其二，是由地域的社会结构、经济形态、宗教信仰、生活方式和审美情趣所构成的人文特征。社会人文特征是地域建筑文化深层结构的体现。其三，是在一定的经济条件下，由当时当地的材料、结构，构筑及装饰工艺等构成的技术经济特征，它是地域建筑实现的方法与手段。这三者因素都非孤立存在，与其他因素互为补充，共同影响并促进地域建筑的发展。（如图 2-15）

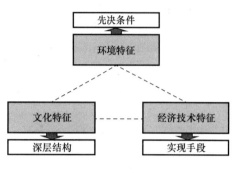

图 2-15　影响地域建筑的三个主要因素
图片来源：作者绘制

2.3.1　尊重与因借环境因素

环境因素包括自然环境因素与人工环境因素。其中，自然环境因素包含地形、地貌、气候等自然条件。地形、植被、水体等自然要素构成了地域的自然特征，由于自然地形、地貌特征的差异，形成独特的建筑模式。气候与地域建筑的形式存在必然联系，不同的气候条件产生不同的庇护方式。与气候相适应的地域建筑，可增强其自身调节能力，减少不必要的资源损耗。人工环境因素主要是指已建成的建筑、城市、景观等人为环境。在既有的环境因素基础上，既有优势条件，也有劣势条件，这就需要在创作中对优势因素加以利用，并改造不利条件。

1. 因势利导的利用气候因素

认为气候是建筑形式根源的观点非查尔斯·柯里亚莫属，他的"形式追随气候"的观点鲜明地体现了设计师的建筑思维。查尔斯柯里亚认为，在经济欠发达的第三世界国家，面对能源危机的侵袭，建筑必须考虑采用适宜的形式来调节气候，控制建筑的亮度、气流、温度等，为使用者创造出适宜的微环境。同时，他认为气候因素是促使建筑形式形成的原动力，由该因素形成的建筑形式才是建筑的深层结构。把建筑这个复杂的问题简化到只考虑在外观和材质上玩花样，这是流于表层肤浅的考虑。这种短视正是近几十年来影响现代建筑师的症结所在。在"形式追随气候"（Form Follows Climate）一文中柯里亚更是谈道："对于美国建筑师（尤其对于那些关注建筑造型的视觉效果和雕塑感的建筑师更是如此），这也许是阿拉真主赐予的机会，使他们把目光转向了建筑形式的始祖：气候。"[1]

湿热地区穿堂风成为组织建筑空间的必要手段。在印度南部海滨地区科瓦拉姆海滨度假村（如图 2-16，图 2-17）的设计中，柯里亚就采用了阶梯状金字塔的剖面设计，这一剖面形式来源于印度古代帕德马纳普兰宫殿在利用当地主导风向和解决日照的方式。其中

---

① 转引自汪芳. 查尔斯柯里亚［M］. 北京：中国建筑工业出版社. 2006：290-293.

亭榭的剖面形式呈金字塔状,与上方的坡屋顶一致。在度假村项目中采用类似古代宫殿亭榭的坡面组织形式,就是为了顺应主导风向,产生穿堂风,这一建筑形式就是基于当地气候条件而产生的。

图 2-16 科瓦拉姆海滨度假村旅馆单元局部剖面

图片来源:汪芳. 查尔斯柯里亚 [M]. 北京:中国建筑工业出版社. 2006:113.

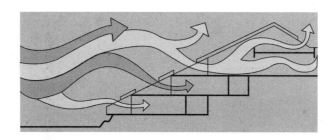

图 2-17 科瓦拉姆海滨度假村旅馆单元通风示意

图片来源:汪芳. 查尔斯柯里亚 [M]. 北京:中国建筑工业出版社. 2006:113.

在印度首府孟买湿热环境中,城市高层住宅也面临着组织穿堂风以降低室内温度、湿度的要求。干城章嘉公寓大楼的设计就面临着既要顺应主导风向又要避免午后烈日的暴晒和季风暴雨的侵袭。设计师在居住单元与外部空间的交接处设置跨越两层高的平台花园作为"气候缓冲区"(如图 2-18),该空间还可兼做部分时段的起居空间。剖面设计上,贯穿了建筑的东西立面,保证穿堂风,而且为住户提供了观看东西向城市景观的视野。

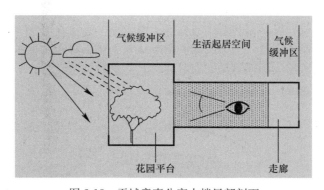

图 2-18 干城章嘉公寓大楼局部剖面

图片来源:汪芳. 查尔斯柯里亚 [M]. 北京:中国建筑工业出版社. 2006:291.

印度中北部的干燥地区,需要更多的开敞空间,诸如屋顶平台、社区庭院等。在塔拉组团住宅的设计中,柯里亚就以屋顶平台提供夜晚露宿、晾晒谷物、围坐聊天的功能;覆以棚架的社区庭院以植树和喷泉调节湿度等。

基于管式住宅"夏季剖面"——建筑室内采用类似金字塔的形式，基部宽敞，顶部狭窄，将住宅由上而下封闭，适用于炎热的午后；和"冬季剖面"——倒金字塔形，顶部开敞，适用于寒冷季节及夏季午后。在这种不同季节不同时段使用不同建筑空间的想法，除了在剖面上实现外，在平面方向亦能产生变化。即将建筑分解成多个既分散又相互联系的空间体块。此概念在位于艾哈迈达巴德的圣雄甘地纪念馆中得到印证。每天特定的时段相应使用建筑的特定空间，该方式也可随季节的转换而调整。

根据印度湿热与干热并存的气候条件下，柯里亚创造出具有典型代表性的开敞空间（Open to Sky Space）与管式住宅（Tube House），这两种建筑语汇从表面看尽管存在很大不同，但其实都是通过合理利用开放、半开放空间的手段，达到克服气候炎热、潮湿的目的，只是侧重点不同而已。前者是从水平二维空间增加建筑与外界接触面积，利用庭院、屋顶等外部开放空间，扩大居住空间，增加空气流通，从而带走热量；后者是从垂直角度将室外流动的空气压入住宅内部，与室内墙体、壁面、人体等进行热量交换，并将热量带走的剖面形式。除了开敞空间与管式住宅外，柯里亚还创造了遮阳棚架、方形平面变异、花园平台、中央邻里共享空间等。

图 2-19　Roof Roof House 实景外观
图片来源：吴向阳. 杨经文 ［M］. 北京：
中国建筑工业出版社，2007.

马来西亚建筑师杨经文在应对热带雨林气候的策略上根据风向、太阳辐射等气候因素因势利导改变建筑形式，以应对炎热潮湿气候环境。例如 1984 年杨经文为自己设计的名为 ROOF-ROOF HOUSE 的住宅（如图 2-19，图 2-20）。鉴于当地以南风和东南风为主导风向，太阳辐射强烈，设计者将起居室，餐厅，客厅布置在北侧以使这些公共活动空间免受白天太阳辐射。同时，建筑朝向的设置与室内空间的安排有利于主导风向从室内穿过。在一层入口大厅处，利用片墙引导风向；在二层通过调节连接客厅和屋顶阳台的玻璃门的开口可以改变穿堂风的大小；室内客厅还设置通风竖井贯穿一层、二层、屋顶。这种开放式空间安排因势利导地利用当地的主导风向使空气流经房间的各个区域，带走室内热量的同时，为室内提供新鲜空气。建筑南面设置泳池，以此调节过往的室外空气温度。为了克服太阳辐射带来的不利影响，杨经文先生设计了一个带有百叶的伞状屋顶，屋顶的形状根据太阳运动轨迹设计，以调节清晨、正午、傍晚进入室内的阳光。

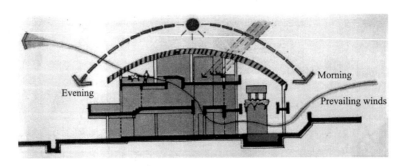

Evening　　Morning　　Prevailing winds

图 2-20　Roof Roof House 日照与通风分析（一）.

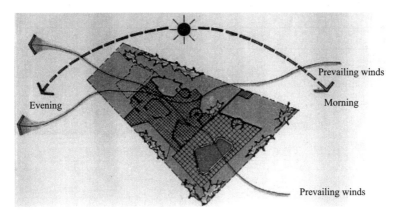

图 2-20　Roof Roof House 日照与通风分析（二）
图片来源：吴向阳. 杨经文 ［M］. 北京：中国建筑工业出版社，2007.

在此基础上，杨经文博士发展出生物气候学设计方法[①]，并将其运用于热带高层建筑，形成生物气候学摩天楼（Bioclimatic Skyscraper）的设计方法。该方法在对现代高层建筑设计的生态理念与方法上具有极大的推动作用。关于生物气候设计与生态设计，杨经文认为（见表 2-1），"生物气候设计是一种被动的低能耗设计倾向，它利用当地气候条件下的环境能源为住户创造舒适的生活条件。作为一种自发的生物气候建筑形式，它为现有的摩天楼设计提供了一种切实可行的选择，并构成一种新的建筑类型。""生物气候设计完全不是生态设计，而仅仅是这个方向上的一段中间过程。"杨经文认为的"生态设计不仅包括建筑设计、工程设计和生态科学，还包括其他方面的环境控制和保护，比如资源保护、回收利用和回收技术、污染控制、能源设备研究、生态景观规划、生态应用、气候学等。"重要的是杨经文认为生态设计的关键意味着所有系统活动都交互作用，互相影响。1989～1992 年设计的梅纳拉大厦在被动式低能耗"太阳轨迹"的遮蔽阳光与方位选择的原则的基础上，运用逐层分布的空中庭院与凹陷的外庭空间连接形成优美的螺旋形式。附加的遮阳拱廊和起防护自然光作用的天窗的细部设计都根据具体的光线角度和路径。

生物气候学设计、生态设计及其他设计方法比较　　　　　表 2-1[②]

	其他设计	生物气候学设计	生态设计
建筑构形	其他影响	气候影响	环境影响
建筑朝向	相对不重要	至关重要	至关重要
立面/开窗	其他影响	适应气候	适应环境
能量来源	电能	电能/周围环境能	电能/周围环境能/当地特点
能源损耗	相对不重要	至关重要	至关重要

① 生物气候学设计方法要求在了解当地气象资料、区分各条件重要性、评价气候条件对人体舒适度的影响、采用相应技术手段（建筑的选址和定位、建筑阴影范围评价、建筑构形设计、引导空气流动等）进行建筑设计，寻求最佳设计方案使建筑能直接利用当地的自然资源、解决气候与人体舒适之间的矛盾。——引自《大师》编辑部. 杨经文 ［M］. 武汉：华中科技大学出版社 . 2007：25.

② ［澳］Images 出版公司编，宋晔皓译. T·R·哈姆扎和杨静文建筑事务所 ［M］. 北京：中国建筑工业出版社，江西科学技术出版社. 2001：7.

续表

	其他设计	生物气候学设计	生态设计
环境控制	电子—机械	电子—机械/手工	电子—机械/手工
	人工调节	人工/自然调节	人工/自然调节
舒适标准	固定	可变/固定	可变/固定
低能耗的方式	电子—机械	被动/电子—机械	被动/电子—机械
能量消费	总体来讲，高	低	低
物质材料来源	相对不重要	相对不重要	较低的环境影响
物质材料输出	相对不重要	相对不重要	再利用/再循环/减少/再重组
场址的生态环境	相对不重要	重要	至关重要
地景设计	从美学考虑，重要	从气候考虑，重要	从生态学考虑，非常关键

这两位典型代表人物的共同点在于都没有采取任何额外机电设备，而是以建筑形式、空间的改变来顺应当地的风向、太阳辐射等气候因素，形成适宜于当地的建筑语汇的同时使得整个构筑物能够以一种低能耗的方式运营，即"被动式"设计策略。不难看出，探索地域建筑与气候关系的问题一般都发生在气候条件极端的地区。这些地区往往采取因循气候的建筑措施成为地域建筑设计的特色所在。

2. 尊重既有环境

既有环境包括自然因素如地形地貌等，也包括人工因素如拟建地周边建成环境，甚至更大范围内的社区、城市等。

葡萄牙建筑师阿尔瓦罗·西扎是一位关注场所环境的大师，一直致力于探索建筑与环境的关系。在西扎早期的作品中往往能看到他以较为具象的建筑语言表达对地形地貌的回应。在博阿·诺瓦餐厅（如图 2-21）的设计中，鉴于基地位于莱萨—帕尔梅拉（Ledacapalmeria）附近大西洋岸边的一块充满岩石的海岬上，西扎在对现场地形地貌等特征的勘察和研究的基础上，决定建筑采用白色几何体块的形式回应现场大西洋海角嶙峋的岩石；同时，采用深远的出檐与水平延展的坡屋面穿插于封闭的楔形体块之中；采用挡土墙、室外踏步、平台等建筑元素所构成的引导步道实现了从自然环境向人工空间的过渡，将建筑嵌入由大海、岩石等组成的地形地貌中。在与该餐厅相去不远的海洋游泳池（如图 2-22）的设计中，西扎也表现出对于场所特征敏感和娴熟的处理技巧。由于基地同处于大西洋岸边，西扎采用穿插于巨石之中的矮墙、台阶以及呈几何曲线形态的游泳池等语汇，逐渐将海堤的坚硬直线过渡为海洋的流动边界。除了善于在自然环境中处理建筑与场所的关系外，西扎在处理与既有人工环境的关系中以更为抽象、洗练的现代建筑形式准确表述了新建建筑与既定场所完美的契合关系。位于西班牙圣地亚哥·德·康波斯特拉（Santigo deCompostela）的加利西亚现代艺术中心（1993）（如图 2-23，图 2-24），西扎通过对城市街道、广场的主导肌理和建筑的典型比例的深入思考，西扎将一组矩形体块按照不同比例穿插，并形成三角形构图，以契合近似三角形的基地。根据基地形状的建筑构图，填充了缺失的城市肌理。精心组织的空间流线以坡道、踏步、平台等的运用将人从外部起伏的街道自然而然地导入逐渐升起的艺术中心内部。刚正的几何体建筑形式与灰色花岗岩覆面的坚硬体量反映了封闭、冰冷的场所主题，回应了原有的教堂建筑凝重、神秘的氛围。

图 2-21　博阿·诺瓦餐厅

图片来源：http：// www. pritzkerprize.
com/laureates/1992/works. html

图 2-22　莱萨—帕尔梅拉海洋游泳池

图片来源：http：// www. pritzkerprize.
com/laureates/1992/works. html

图 2-23　加利西亚艺术中心

图片来源：https：// www. pritzkerprize.
com/laureates/1992

图 2-24　加利西亚艺术中心鸟瞰

图片来源：蔡振凯，王建国. 阿尔瓦罗西扎［M］.
中国建筑工业出版社 2007.

美籍华裔设计师贝聿铭先生被认为是 20 世纪现代建筑发展过程中典雅主义的代表人物。同时，他也以对传统文化的现代转译而著称，体现在香山饭店、苏州博物馆等作品中。但其实他在处理建筑与自然环境和谐关系上也有独到之处，其中典型一例是他在日本信乐山设计的美浦博物馆。信乐山是一处完全由山脉与森林组成的"世外桃源"。在对这样一处壮观的自然景色进行人为的艺术加工时，贝聿铭保持了对自然环境的高度敏感，这种敏感缘于日本寺庙与景观的结合以其剪影与山脉的和谐关系为基础。他减缓了几何图形的运用，并将 80％以上的建筑置于地下，使建筑最大程度融入自然景观（如图 2-25，图 2-26）。在建筑的地域特征上，他以仪式性的台阶保留了日本寺庙的入口方式，并采取现代地区建筑中抽象化手法将周围山体轮廓收纳于建筑的玻璃天窗之内。

2.3.2　发掘与传承文化因素

文化[①]，人类的特殊产物，指人类各种外显或内隐的行为模式，通过符号的使用而习得或传授，从而构成人类群体的显著成就。它包括人类所创造的物质财富和精神财富的总

---

① 彭克宏主编. 社会科学大词典［M］. 北京：中国国际广播出版社，1989：343.

和，其基本核心是传统观念。文化发展具有历史连续性，它以社会物质生产发展的历史连续性为基础。

图 2-25 博物馆与自然环境融合
图片来源：（英）维基·理查森. 新乡土建筑［M］. 吴晓，
于雷译. 北京：中国建筑工业出版社，2003：158-163.

图 2-26 博物馆与山体、隧道交接
图片来源：（英）维基·理查森. 新乡土建筑［M］.
吴晓，于雷译. 北京：中国建筑工业出版社，2003：158-163.

社会人文特征包含精神特质、神圣信仰、思维方式等，既有渗透在大量传统建筑、地域建筑中的"隐性"特征，也有外露的"显性"特征，是地域建筑文化深层结构的体现。建筑是社会文化的表达方式之一，它在满足人们遮风避雨的物质需要的同时，也表达着人们的心理意向，寄托着审美情趣和精神需求，承担着地区文化继承与发扬的职能。

第二次世界大战后，由于经济政治体制受西方国家支持与牵制，日本在工业、农业、商业等各领域很大程度上受到西方国家影响，以致在日常生活、文化接受等方面呈现渐进式西化。但是很快日本就意识到现代文化的普适性与本土文化的唯一性之间的矛盾，因此在探索与本土化结合上，可谓是起步较早的国家，尤其体现在注重发扬和传承国家民族文化上。丹下健三在 1952～1957 年东京都厅舍与 1955～1958 年香川县厅舍的创作中就尝试将现代建筑手法与日本本国的传统文化相结合。尤其是在香川县厅舍的高层部分外立面处理中，丹下健三运用水平栏板与挑梁组合，形成了独具特色的外观，从中能看到日本传统建筑五重塔的影子。这一传达传统建筑意蕴的现代建筑成为日本现代建筑的典范，奠定了日本现代建筑在国际上的地位。

黑川纪章是对日本传统文化进行理论继承与发展的典型代表，他认为"对文化的认识不仅是了解其精华部分，更重要的是重新加以阐释并予以发扬。"[①] 与西方社会对传统的态度相比，日本文化更偏重于对内隐传统[②]的继承与发扬。利休灰与模糊性是日本传统文化的典型象征。从黑川的设计作品中可以强烈地体验到矛盾的、模糊的意味和利休灰精神的感应，正是这个意义，黑川与许多当代日本建筑师创造了具有日本文化精髓的现代建筑。日本文化中的模糊性可以解释为由同质的内核构成的外缘向外延伸，将异质的因素结合在

---

① 郑时龄，薛密编译. 国外著名建筑师丛书：黑川纪章［M］. 北京中国建筑工业出版社，2004：6.
② 黑川纪章认为传统可以划分为外显传统与内隐传统。其中，外显传统包括建筑风格、艺术作品、工具、机器、具体事物中所表现得传统符号和记号，诸如屋顶形状、装饰要素、传统表演艺术形象等；内隐传统包括构成民族及其文化特质的宗教、哲学、信仰、美学、价值体系、生活方式、习俗、制度、心理环境和条件、情感、秩序感等。外显传统与内隐传统紧密联系，无法分隔。

一起，成为最有生命力的部分。黑川认为最重要的不是坚持日本文化传统的独特性，而应当去探求日本文化与当代世界文化的融合问题。黑川纪章的共生思想吸收了日本传统文化、自然哲学的内核，又借鉴了当代西方哲学的最新思维，从而使共生哲学涵盖了社会与生活的各个领域，将建筑与生命相联系。共生思想就其实质是纳入历时性与共时性的动态的多元论。黑川纪章的共生思想源自20世纪60年代的新陈代谢论与开放结构，20世纪70年代的变生于模糊性，直至20世纪八九十年代演变为共生理论。在早期的新陈代谢和变生理论中就引证了生物学原理，用细胞理论来使得建筑各个部分实行自律。例如1970年的大阪国际博览会黑川认为日本文化的特征可以用共生哲学来描述，共生哲学既是关于日本文化特征的文本，也是当代建筑从现代主义和现代建筑向信息社会建筑的范型转换的文本，是黑川的建筑哲学核心。

数寄屋（茶室）、町家、农舍是日本传统建筑形式。从安藤建筑中，可以体会数寄屋的美学意识，找到传统农舍的整体性、向心性及其框架结构的变体。在对空间原型的探求中，安藤并不局限于东方或西方，而是将两种不同的建筑文化结合起来。1992年竣工的塞尔维亚世界博览会日本馆的设计，安藤对传统木构框架重新阐释，展示了一个具有浓郁日本特色的空间形象。在1989年完成的"光之教堂"（如图2-27，图2-28）中，以厚重敦实的素混凝土构筑建筑，造就了教堂空间的静谧与幽远。以光这一极端抽象化的元素代表外部广阔的自然环境，象征神圣的自然力量。正面墙壁上的十字形夹缝在内部空间形成了十字形光影。利用与建筑主体呈15°倾角的斜向墙体构成教堂入口，暗含了宗教建筑的神秘。朝向正面墙壁的地面采用了阶梯状结构，提高了空间的向心性。凡此种种，都表达了设计师关于触摸人类精神根源的深远空间的设计意图。"光之教堂"、"水之教堂"（如图2-29）、"风之教堂"（如图2-30）三座建筑的构思与出发点是连续的，它们明确阐述了安藤对着自然的态度，自然在安藤的建筑中被抽象化，成为表达建筑美和寻求物外世界的手段。安藤一直努力将自然引入作品，积极利用光、风、雨、雾等自然因素，他真诚地希望为与自然失去联系的都市人提供一处建筑空间，使其感受到自然地存在。安藤采取抽象的手法对待自然，以显示其固有的力量。安藤抽象的自然并不是日本传统建筑中"枯山水"式的对自然抽象的模仿，而是更深程度抽象出自然的本质，并将其引入建筑。

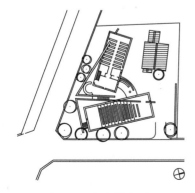

图 2-27　光之教堂平面

图片来源：大师丛书编辑部. 安藤忠雄的作品与

思想［M］. 北京：中国电力出版社，2006.

图 2-28　光之教堂内部

图片来源：大师丛书编辑部. 安藤忠雄的作品与

思想［M］. 北京：中国电力出版社，2006.

图 2-29　水之教堂

图片来源：大师丛书编辑部. 安藤忠雄的作品与思想［M］. 北京：中国电力出版社，2006.

图 2-30　风之教堂

图片来源：大师丛书编辑部.

安藤忠雄的作品与思想［M］.

北京：中国电力出版社，2006.

建筑师路易斯·巴拉干是一位具备浪漫情怀的诗人般的建筑师。由于对墨西哥传统文化及与其相关的地中海文化的深刻认识与深爱，巴拉干在经历过回应现代主义、国际式建筑风格后，又被古老建筑中深深浸透着的优雅神秘与孤独的气质所感染，形成了自己独特的设计理念。借用阳光与阴影、墙体与内向庭院、色彩、水景等建筑语汇创造出静谧、孤独、幽远的诗意氛围，目的在于让人们感受他内心的宁静。

由于炽热阳光的富集，阳光与阴影成为巴拉干作品中一个重要因素。巴拉干巧妙利用光与影产生的丰富变化，使作品不再静止，而处于变化。由此而产生的虚实、明暗、刚柔对比，丰富了建筑及其周边环境，在宁静致远中增添了几分动态。这一做法在饮马泉广场（如图 2-31）中得到充分体现。巴拉干设计的很多住宅中，利用阳光洒落在庭院中的植物、水景、墙体上产生斑驳的光影关系，尤其是透过玻璃窗流入室内的景色随时间与季节变换，给居者带来丰富细腻的生活体验，以表达设计者对光、影、景、建筑等看似简单实则巧妙地处理。

巴拉干通过实墙的运用展现了墨西哥建筑的内向性与厚重感。以实墙围合的内向庭院是巴拉干在建筑中善用的手法，因为他认为"庭院的灵魂应该是最大程度为人类的栖居提供静谧平静的精神掩蔽所。"[1] "就如同许多人在努力探求人类与自然的联系一样努力去创造一个平静而愉悦的栖息场所以表达人类最本质的情感需求。"[2] 从巴拉干自宅（如图 2-32）到特拉潘教堂（Tlalpan Chapel），都拥有被高墙围合的内向庭院。

建筑色彩的运用是巴拉干建筑又一特色。他继承了墨西哥传统建筑热情洋溢的色彩——洋红、紫色、土黄、柠檬黄等来丰富自己的建筑，如圣·克里斯特博马厩与别墅的色彩（如图 2-33，图 2-34）。这些鲜艳、明亮、浓烈的色彩，契合了南美洲人民的浪漫情调和精神。他还使用那些简洁而富有表现力的传统细部来装点建筑，例如传统木梁架，在伊达多·

---

[1]　http://www.pritzkerprize.com/laureates/1980/ceremony_speech1.html

[2]　http://www.pritzkerprize.com/laureates/1980/ceremony_speech1.html

普利特·洛佩兹（Eduardo Prieto Lopez）住宅（如图 2-35）和圣·克里斯特博（San Cristobal）马厩与别墅（如图 2-36）等例中都有运用。

图 2-31　饮马泉广场

图片来源：http：//www. pritzkerprize. com/
laureates/1980/works. html

图 2-32　巴拉干自宅庭院

图片来源：http：//www. pritzkerprize. com/
laureates/1980/works. html

图 2-33　圣·克里斯特博马厩与别墅（Cuadra
San Cristobal）建筑色彩一

图片来源：大师系列丛书编辑部. 路易斯·巴拉甘的
作品与思想［M］. 北京：中国电力出版社，2006.

图 2-34　圣·克里斯特博马厩与别墅（Cuadra
San Cristobal）建筑色彩二

图片来源：大师系列丛书编辑部. 路易斯·巴拉甘的
作品与思想［M］. 北京：中国电力出版社，2006.

图 2-35　洛佩兹住宅

图片来源：大师系列丛书编辑部. 路易斯·巴拉甘的
作品与思想［M］. 北京：中国电力出版社，2006.

图 2-36　圣·克里斯特博马厩与别墅

图片来源：大师系列丛书编辑部. 路易斯·巴拉甘的
作品与思想［M］. 北京：中国电力出版社，2006.

墨西哥建筑师莱格雷塔，受巴拉干影响，基于墨西哥生活方式以及对色彩和光的体验，阐释现代建筑的地区性。与巴拉干相同的是善用墙体、院落、色彩等元素组织建筑。所不同的是他将作品拓展至除墨西哥以外的其他地区。其中，圣达菲视觉艺术中心就是典型一例。建于美国西南部的新墨西哥州的圣达菲视觉艺术中心，设计者没有将艺术中心要求的复杂功能集中于一个单体建筑，而是独立设计各部门，以院落组织各个部门。其中，最具墨西哥地域特色的是墙体与色彩的运用。整面实墙与小方窗、窗洞框的结合（如图 2-37），隔离了公共与私密生活。建筑外围墙一改圣达菲城市惯用的褐色基调，以赭色与橙色取而代之；庭院内墙壁则以紫色、蓝色（如图 2-38）。尽管莱格雷塔声称这一色彩的改变源于城市北部山脉的红色岩石与天空中的色彩变幻，但从中能够明显感觉到墨西哥建筑师强烈的乡土色泽。

图 2-37　墙面上小方窗与窗洞框

图片来源：［英］维基·理查森著.

吴晓，于雷译. 新乡土建筑［M］. 北京：

中国建筑工业出版社，2003：218-223.

图 2-38　蓝色庭院内墙壁

图片来源：［英］维基·理查森著.

吴晓，于雷译. 新乡土建筑［M］. 北京：

中国建筑工业出版社，2003：218-223.

在现代建筑对传统文化环境回应上，我国建筑设计大师张锦秋先生在这方面探索多年。由于身处历史文化城市——西安，从早期的三唐工程，到中期的陕西省历史博物馆，直至今日的西安博物馆，都明显地体现着张大师运用现代设计手法呼应建筑所在周边及其城市的传统历史与文化。西安博物馆虽是单体建筑，但是它隶属于西安博物院，与原有的以小雁塔为标志的寺庙建筑群、公园形成三位一体的片区规划。该博物院设计（如图 2-39）尊重以小雁塔为中心的寺庙建筑群所在的南北向轴线，将博物馆位列于轴线的西南侧，以馆前广场延续了东西向轴线。新老建筑之间以园林、绿化、水景贯穿，柔和了建筑之间强烈的实体冲突与时代冲突，形成虚、实相间的空间序列。在西安博物馆的设计中，张大师从建筑的布局、体量、形式、风格、色彩等方面着重处理了新建建筑与荐福寺建筑群，特别是与小雁塔的关系。博物馆（如图 2-40，图 2-41）采用"天圆地方"的传统理念以及古代明堂注重全方位形象的完整性理念，以正方体为建筑主体形式，圆形玻璃大厅从方形馆体中拔地而起。首层、二层分别采用 60m、50m 见方的平面形式，连同位于首层底部的方形台座，形成厚重敦实的馆体形象。在正方形馆体的正中开挖 33m×33m 的中庭，中庭中央是直径 24m 二层通高的圆形中央大厅。这一建筑形式还暗含着新的历史萌生于厚重的历史积淀之中的寓意。建筑不但满足现代博展类功能要求、契合现代共享空间的空间布局、采用石材、玻璃、钢筋混凝土等现代建材，而且还运用暗含中国古代经典建筑形式的造型与虚实材料的变化，回应了建筑所处的历史地段，与唐代荐福寺历史建筑产生时空对话。可谓是在传统文化的深层结构上彰显了建筑的地域性。

图 2-39 西安博物院鸟瞰

图片来源：张锦秋，高朝君. 西安博物馆设计［J］. 建筑学报，2007（9）：28-33.

图 2-40 西安博物馆外观

图 2-41 西安博物馆正立面

2.3.3 合理利用经济技术因素

地区的经济状况与技术水平是制约和影响建筑形态的另一重要因素，也是地域建筑实现的方法与手段。由于地区差别，具备不同的经济状况、营建技术、装饰工艺等，因而地域建筑也相应地呈现出各自特色。技术的运用只有结合当地的自然与文化条件，才能充分发挥其本质，给予建造的经济性和合理性。

1. 对经济因素的考量

众所周知，经济是基础，决定着政治、文化等上层建筑。同样，在地区发展中，经济因素也发挥着举足轻重的作用。但是，这一作用是潜藏于表象背后的深层次原因，落实在建筑领域即对建造成本与运行成本的支持与限制。这包括建筑材料、人工等前期费用以及运营、维修等后期费用。一个国家或地区的经济水平不因某个人或某些人的富有与贫穷作为衡量的标准，而是以整个国家或地区作为参考。同样，建筑的经济因素不以个别标志性或政府性建筑为参照，更多的应该考量所谓的平民建筑或大众建筑的经济水平。

埃及建筑师哈桑·法赛是一位极具人文主义精神的建筑师，他是关注平民建筑的典型代表。他极尽所能为穷人创作低收入住宅，引起了投身大规模建造的现代建筑师的关注。这种为穷人建造住房的观念与做法类似于现代建筑兴起的初衷。当时西方社会经历着从封建社会向资本主义社会过渡时期，现代建筑家们强烈的社会责任感与社会意识成就了他们服务大众，特别是为低收入人群服务的思想。法赛为穷人创作的思想与实践在一个快速发展来不及思考的社会也许是契合了现代建筑的初衷，但是直至 20 世纪 60 年代，才引起人们对建筑真谛——为人，尤其是为大众服务——的再一次思索。他著有《Architecture for the poor》①（贫民建筑）一书，书中描述了在新古尔高纳村的建设中，法赛摒弃钢、混凝土等昂贵的现代建筑材料，采用从努比亚学到的土坯、当地技术，以及埃及传统的建筑语汇如封闭庭院、拱顶等建造村庄。法赛与当地村民一起施工与建造以使得他的设计更契合当地人的居住需求。他教村民如何使用砖，并负责监督建筑安装与施工，同时鼓励村民运用传统工艺装饰新建筑。1983 年国际建筑师协会（U. I. A）金质奖章的获得，印证了哈桑法赛在人文主义思想引导下进行贫困乡村地区住房建设，在建筑功能、艺术审美、地域特色等方面满足需求的同时契合当地经济水平。

柯里亚也是为低收入群体设计和建造住宅的典型代表人物。柯里亚认为在第三世界国家，穷人的房子最能说明这个城市达到什么水平，因为城市里的房子 80% 是由低收入者住房组成。柯里亚作品中为低收入者创作的住宅从 20 世纪 60 年代延续至 90 年代，例如 1973 年的孟买贫困人口住宅，1990 年的马来西亚吉隆坡低收入者住宅等。柯里亚不仅仅从回应地域气候和运用民间文化方面对建筑形态和空间组织表现出极大的关注，还立足于城市化、社会贫困、农村人口迁移、土地占有等更深层次、更大范围来对低收入者住宅进行不懈的尝试与探索。②

西扎也是为数不多的致力于低收入集合住宅的设计师，他认为低收入集合式住宅必须考虑经济、材料、人工等的局限性，但又不能摒弃空间、环境、美观等居住需求。因此，他针对不同地区经济状况，长期坚持设计低造价、舒适、美观的集合住宅，充分体现他的人道主义精神。

除此外，在国际上还有一个私立的、非宗派的组织集团——阿迦汗发展集团（Aga Khan Development Network）。该组织是一个发展机构，职责范围包括环境，卫生，教育，建筑，文化，小额信贷，农村发展，减灾，促进私营部门企业的推广和历史城市的振兴等。其中帮助改善发展中国家最贫困地区人民的生活条件，降低受灾地区灾害损失是该组织的职责之一，对推动发展中国家低收入人群的居住状况具有重大意义。鉴于中国西部地区 2008 年的汶川大地震、2009 年的青海玉树地震及其灾后重建的经验，阿迦汗基金会与西安建筑科技大学于 2010 年 10 月联合举办低收入人群灾后重建研讨会。笔者有幸代表西安建筑科技大学绿色建筑研究中心作为与会人员，将课题组在 2008 年 5 月 12 日四川汶川大地震后对四川省彭州市通济镇大坪村的灾后重建情况做大会发言，与各位参会代表进行了低收入人群抗震减灾理念、措施等的研讨。

2. 适宜技术（Appropriate Technology）的选用

吴良镛先生指出："就我国情况而言，实用技术应当理解为既包括先进技术，也包括'之间'技术（intermediate technology），以及稍加改进的传统技术。"③

英国经济学家舒马赫偏重于从具体实践策略上倡导一种新技术战略的中间技术（替代技术、适用技术）。他将其特点描述为④：（1）简单：生产方法和组织过程比较简单；（2）低廉：选择建立较低成本的工作场所；（3）小巧：适合普通群众掌握的生产技术来完成小规模生产；（4）无害：适应生态学的规律的技术，资源利用对环境和社会都不会造成危害。

适宜技术的应用在现代建筑界被广泛接受，它不同于工业社会以前的传统技术，不同

---

①　Hassan Fathy. Architecture for the poor：an experiment in rural Egypt［M］. Chicago：University of Chicago Press，2000.

②　汪芳. 查尔斯柯里亚［M］. 北京：中国建筑工业出版社. 2006：162.

③　吴良镛. 广义建筑学［M］. 北京：清华大学出版社，1989：77.

①　E. F. 舒马赫. 小的就是美好的［M］. 北京：商务印书馆. 1984.

于扎根于地方的本土技术，也不同于偏重环境问题的生态技术，而是针对具体作用对象，与当时当地的自然、经济、和社会环境良性互动，并以取得最佳综合效益为目标的技术系统，具有环境、社会和经济的多重目标。①

技术革新是推动社会发展的强大动力，建筑技术的飞速发展直接关系日新月异的建筑现象的出现。例如，20世纪六七十年代出现的高技术派就是以技术在建筑领域的应用作为彰显当代社会科学技术的手段。适宜技术的更新在地域建筑的创作中起着举足轻重的作用。主要表现在对传统技术在时代变化上的更新，对地方技术的现代化改进与应用，对地方材料的甄选与借用。

西安建筑科技大学绿色建筑研究中心在云南楚雄彝族搬迁示范工程设计与建造中运用适宜技术改善室内物理环境，充分利用可再生能源，取得良好的效果。当地传统建筑形式在通风、采光上存在两点缺陷：（1）室内风速较小，夏季不利于室内通风降温；（2）室内自然光照度随房间进深下降较大，后墙处几乎为零。造成这些缺陷的主要原因是冬季保温的需要和后墙、山墙不开窗的传统习惯。为保留当地生活习俗，课题组设计了一、二层相通的百页，将出风口设置在一层天花板与后墙交接处（如图2-42）。原理在于（如图2-43）当风进入室内，通过百页进入二层，从二层排出。冬季用盖板覆盖百页，切断风路。由于设计中二层后墙开窗，通过一层天花板与后墙交接处的百页将二层阳光引入一层室内（如图2-44，图2-45），同时，调整前墙挑檐长度和倾斜角度（如图2-46，图2-47），增加室内自然光照度。

图2-42 一层天花板与后墙交接处百页

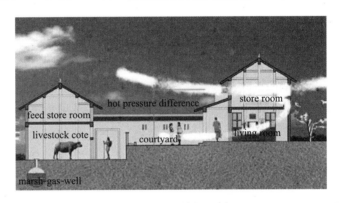

图2-43 通风剖面示意

图2-44 二层墙身百页

图2-45 通过二层百页增加一层室内自然光照度

---

① 陈晓扬，仲德崑. 地方性建筑与适宜技术 [M]. 北京：中国建筑工业出版. 2007：17.

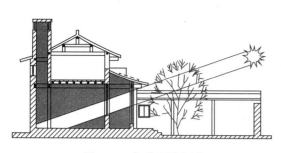

图 2-46 冬季日照分析

图片来源：谭良斌. 西部乡村生土民居再生设计研究 [D].
西安：西安建筑科技大学，2008：171.

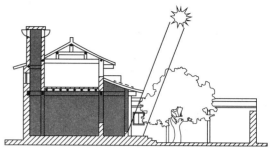

图 2-47 夏季日照分析

图片来源：谭良斌. 西部乡村生土民居再生设计研究 [D].
西安：西安建筑科技大学，2008：171.

2.4 地域建筑的局限

由于地域建筑创作从对环境的尊重与因借、对文化的发掘与传承、对经济技术条件的合理利用等方面进行，因此具备适应气候、尊重环境、传承文脉、适应技术、整体协调等方面的优势。但经深入发掘，传统地域建筑普遍以被动姿态适应自然环境与社会环境，以故步自封的理论体系面对开放、多元的社会文化，以静止的观点对待人类社会的动态发展，以片面的方式处理建筑所面临的复杂性与矛盾性问题等，因此即便在过去社会具备一定优势，但随社会与时代发展，必然存在一定的局限。在对目前大量存在并仍使用中的地域建筑进行调查与观察发现，地域建筑在功能-空间、环境舒适、结构安全等方面仍存在一定的局限。这些局限在乡村建筑中表现尤为明显。下面以笔者及所在的课题组成员对西部乡村建筑调查研究情况为例来说明地域建筑发展的制约因素及其面临的挑战。

2.4.1 功能与空间不适

地域建筑遵循当地地形、地貌、气候等自然因素与人文、传统、民俗等文化因素，尽管能够满足当地人传统生活习俗，但在功能-空间方面易于忽略时代变迁带来的生产生活方式的改变。由于全球化、城市化因素影响，人们在信息社会接受外来信息的速度提高、范围扩大，因此在生活的各个方面都受到外界影响，产生多样化的空间需求。传统乡村民居在功能-空间上存在如下问题：（1）人畜空间混淆。在云南永仁彝族传统民居考察中发现[①]，牲口棚与人的活动院落处于同一平面，从视觉、嗅觉等方面造成对人活动的极大干扰，不利人体健康。现代乡村要求独立的牲畜饲养空间，以隔绝牲畜对水源、空气、事物等的污染；（2）生活区功能杂糅。在陕西关中地区民居的调查中发现[②]，建筑功能分区不明，厨房与炕房是家人活动的主要区域，但是炕房兼具了会客、就餐、睡眠等多重功能（如图 2-48）。随着乡村城镇化发展，乡土民居也要求具备独立的会客、就餐、睡眠空间，同时需具备一定的劳作、储藏区域，生活水平提高还将需要休闲、娱乐、待客等空间；

---

① 谭良斌，周伟，马珩，刘加平. 云南彝族新乡村生土民居可持续性设计研究 [J]. 山东建筑大学学报，2009，24（6）：500-505.

② 刘丹，杨柳，胡冗冗，刘加平. 关中典型地区新型农宅节能设计探讨 [J]. 建筑节能，2010，38（3）：7-10.

（3）独立卫生空间的缺失。不仅仅是彝族传统民居中无卫生洗浴空间，在笔者调研的西部大部分乡土民居中设置独立卫生设施与空间的，有些偏远贫困地区根本没有卫生设备，更谈不上卫生间的独立，这对人们的生理健康极其不利。而随人们生产生活水平的提高，卫生设施与空间的独立设置是必然之举。由于传统建筑功能简单、空间单调、形式单一等原因无法满足人们日益增加的功能-空间多元化需求，给地域建筑发展带来极大障碍。

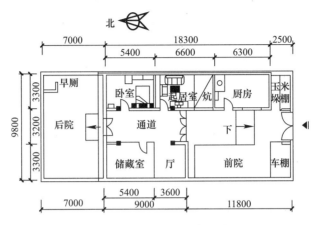

图 2-48 典型关中民居平面布局

图片来源：刘丹，杨柳，胡冗冗，刘加平. 关中典型地区新型农宅节能设计探讨 [J]. 建筑节能，2010，38（3）：7-10.

2.4.2 室内环境舒适度差

尽管地域建筑在气候适应性上存在必然的优越性，但距离满足人体对声、光、热等环境的舒适需求还存在一定差距。笔者与课题组成员于 2008 年地震后对四川省彭州市通济镇大坪村进行调查与测试研究，结果显示[1]：传统民居冬季室内的温湿度与室外接近，居民有两个月需要烤火越冬；堂屋与卧室的采光口易在室内形成较大的眩光，而室内的自然光照度随房间进深下降较大。对云南楚雄彝族生土民居的调查测试[2]，也反映出当地传统民居在热环境、光环境方面存在诸如上述的缺陷。在对陕西秦岭山地秦茂村的测试中发现，由夯土墙作为外围护结构的传统民居冬季堂屋的平均温度为 $-0.6\,^{\circ}\mathrm{C}$[3]，与后来用砖砌筑的房屋相比，尽管高出 $1.9\,^{\circ}\mathrm{C}$，但是仍然不满足冬季热舒适需求[4]。因此，传统地域建筑尽管适应当地气候、沿袭当地材料、顺应传统习俗，与现代材料模仿建造的现代建筑相比具备一定的环境舒适优越性，但是仍未达到人体舒适区要求。并且，一旦生存环境的这一基本需求未能达标，人类必然发挥主观能动性，采取有力措施调节，以利舒适与健康。这些措施的采取，或多或少带来资源与能源的消耗，加剧破坏自然环境，打破生态平衡。因此，环境舒适度成为制约地域建筑进化发展的又一重要因素。

---

① 刘加平，成辉，周伟，廖晓义. 低碳重建——生态聚落大坪村 [J]. 建设科技，2010（9）：38-43.

② 谭良斌. 西部乡村生土民居再生设计研究 [D]. 西安：西安建筑科技大学，2008.

③ 赵西平，刘元，刘加平. 秦岭山地传统民居冬季热工性能分析 [J]. 太原理工大学学报，2006，37（5）：565-567.

④ 根据《采暖通风与空气调节设计规范》GB 50019—2003 规定：空调房间夏季舒适温度 18-24℃，冬季舒适温度 22-28℃。根据 ASHRAE55-1992 规定：自然通风房间热舒适需求满足至少 80% 人群的舒适区。秦岭山地在热工分区上属于冬冷夏热区，但属非采暖区，因此应以 80% 人群的满意程度作为热舒适区。

2.4.3　结构安全性差

结构问题是地域建筑长期面临的问题，由于近些年自然灾害频发，该问题变得尤为突出，尤其是偏远地区的乡土建筑，安全问题面临着严峻的考验。作者与课题组成员对我国西部地区如陕西、云南、宁夏、西藏、四川等地乡土民居进行大量的走访与调查，发现结构安全隐患在各地区建筑中普遍存在，表现突出，并且目前还未得到根本改善，主要体现在①结构体系、结构布置、连接构造、工艺流程和施工方法等方面。其中，厚重型民居以西藏农区乡土民居②（如图 2-49，图 2-50）为典型代表，在结构布置、材料强度、整体性连接构造、屋盖土层厚度等方面存在严重的缺陷，对于抗震极其不利。薄轻型民居以四川彭州民居（如图 2-51，图 2-52）为例，结构隐患则表现在③节点连接薄弱、纵向刚度不足、木构架砖砌墙体民居破坏严重、屋面瓦落架、柱脚滑移等方面。这些由于材料、构造措施引起的结构安全问题，加之缺乏专业理论的指导，在很大程度上制约着乡土民居的未来发展，由此也说明结构安全隐患成为地域建筑持久发展不得不解决的关键问题之一。

图 2-49　西藏乡土民居南向墙体大面积开洞

图片来源：胡冗冗，刘加平. 西藏农区乡土民居演进
　　中的问题研究［J］. 西安建筑科技大学学报
　　（自然科学版），2009，41（3）：380-384.

图 2-50　西藏乡土民居泥浆填充的石墙

图片来源：胡冗冗，刘加平. 西藏农区乡土民居演进
　　中的问题研究［J］. 西安建筑科技大学学报
　　（自然科学版），2009，41（3）：380-384.

图 2-51　四川彭州乡土民居梁端断榫

图 2-52　四川彭州乡土民居房屋整体纵向倾斜

---

　　① 胡冗冗，成辉. 西部乡村民居发展与更新问题探讨［J］. 南方建筑，2010（5）：48-50.

　　② 胡冗冗，刘加平. 西藏农区乡土民居演进中的问题研究［J］. 西安建筑科技大学学报（自然科学版），2009，41（3）：380-384.

　　③ HU Rongrong，LIU Jiaping，CHENGHui andZHOUWei. SUSTAINABLE RURAL HOUSE DESIGN IN POST-QUAKE RECONSTRUCTION［C］// 7th International Conference on Urban Earthquake Engineering（7CUEE）&5th International Conference on Earthquake Engineering（5ICEE），Tokyo Institute of Technology，Tokyo，JapanMarch 3-5，2010.

2.5 地域建筑的发展趋势

2.5.1 可持续发展理念及其在建筑领域的应用

1983 年联合国第三十八届大会成立世界环境与发展委员会，由当时挪威首相布伦特兰夫人领导，负责制定"全球的变更日程"。1987 年，在由她提交的《我们共同的未来》报告中，首次提出可持续发展的概念，该思想被阐述为："可持续发展就是既能满足当代人的需要，又不对后代人满足其需要的能力构成危害的发展。"[1] 该报告同时提出和阐述了"可持续发展"战略，得到了大会确认，为促进全球加强环境保护的国际合作起了重要的推动作用。也对世界各国要改变传统的资源型发展模式，走良性的生态发展模式起到了很好的推动作用。成为世界各国在环境保护和经济发展方面的纲领性文献。

1992 年世界环发大会有 103 位国家元首或政府首脑，以及 180 多个国家派代表团出席，大会以可持续发展为指导方针制定并通过《里约热内卢环境与发展宣言》和《21 世纪议程》等重要文件。正式确立了可持续发展思想是当今人类社会发展的主题，反映了环境与发展领域的全球所达成的共识与签署国最高级别的政治承诺，是指导各国制定与实施可持续发展战略目标的纲领性文献，标志着"可持续发展"思想的进一步升华。

可持续发展包含两个基本要素："需要"和对需要的"限制"。必须满足当代人的基本需求，尤其是世界上贫困人民的基本需求，应当将此放在特别优先的地位来考虑。对需要的限制主要是指不损害后代满足自己需求的能力，"技术状况和社会组织对环境满足眼前和将来需要的能力施加的限制"。[2] 这种能力一旦被突破，必将危及支持地球生命的自然系统如大气、水体、土壤和生物。可持续发展的核心思想是强调在人与自然和人与人的关系不断优化的前提下，实现经济、社会和生态效益的最佳组合，从而保证人、社会与自然发展的可持续性。可持续发展强调的是经济、社会、环境的协调发展，但不是这三方面的简单叠加，它是从比经济发展与环境保护更高、更广的视角来解决环境与发展问题。

可持续发展含义广泛，涵盖了政治、经济、社会、文化、技术、美学等各方面。建筑领域的发展是综合利用多种要素以满足人类住区需要的完整现象，由于其与人们生活的紧密相关以及对自然资源的损耗程度，走可持续发展之路显得尤为重要。其中，发展中国家的人居环境问题尤为突出，主要在于：（1）发展中国家经济贫困与生态贫困的双重压力使得长期以来往往以牺牲自然环境作为暂时缓解经济压力的主要手段，无限制开采煤、石油、天然气等不可再生能源，无限制排放有害气体，无限制滥砍滥伐森林资源等，使得自然环境的持续发展流于空谈；（2）全球化背景在文化环境中的作用，使得弥足珍贵的传统文化与地域特色逐渐消失，建筑文化和城市文化出现趋同现象和特色危机。正如吴良镛先生在《北京宪章》里所说的："技术和生产方式的全球化带来了人与传统地域空间的分离，地域文化的多样性和特色逐渐衰微、消失；城市和建筑物的标准化和商品化致使建筑特色

---

① United Nations. 1987. "Report of the World Commission on Environment and Development." General Assembly Resolution 42/187，11 December 1987. Retrieved：2007-04-12.

② 世界环境与发展委员会. 我们共同的未来 [M]. 长春：吉林人民出版社，1997.

逐渐隐退。"① 文化环境的可持续发展问题也悬而未决。

20世纪50年代初希腊著名规划学家道萨迪亚斯（C. A. Doxiadis）提出的人类聚居学思想，将所有人类住区作为一个整体进行广义研究。吴良镛先生在人居环境科学导论中将建筑、城市规划、园林作为主导学科进一步融合，指出人居环境科学的研究空间涉及文化、社区、经济、能源、资源、环境、生态、地理、水利、土木等学科。1996年在土耳其伊斯坦布尔召开的以讨论"人人享有适当的住房"和"城市化进程中人类住区的可持续发展"为主题的第二届人类住区大会上，通过的《伊斯坦布尔宣言》和《人居议程》中提出要积极采取有效的措施，确保人人享有适当的住房权利，创造良好的人居环境氛围。

随着全球可持续发展大环境的形成，建筑界的有关研究也日趋深入。保加利亚国际建筑学院曾邀请一批国际建筑和规划界的代表人物对建筑的可持续发展问题发表了一些系统的见解，提出了《2000年的地平线》宪章②，激烈地抨击了工业革命之后建筑创作漠视环境和生态，浪费资源的"机械法则"，提出创作一种人类的聚居地，使所有社会功能在满足目前发展及将来之间取得平衡，建造节约能源和材料的建筑，设计与环境相协调并无损于人类身心健康的建筑与城市，并特别提出建筑师应着眼于材料的更新，根据环境条件，从原始材料到人工再生材料都应有所研究，以达到创造有高度人情味和文化品位的建筑环境。

2.5.2　朴素的地域建筑观中缺乏明确的可持续思想

地域建筑本身探讨的就是基于不同自然条件，如地理、地貌、气候、水文、温湿度等，不同文化环境，如传统、宗教、习俗等条件下的建筑型制，使建筑符合当地人民的生活方式和审美观念，并将其建筑艺术中的精华部分一代代传承下去。建筑可持续发展的核心是实现"以人为本"、"人—建筑—环境"三者和谐统一，是建筑与环境高度协调的产物，要求建筑契合所在地的不同自然条件和人文条件，以达到自然环境与人文环境的可持续发展，其概念本就包含着重视地域特征与本土文化相融合的含义。所以本土化的思维与可持续设计思想在关于维护地域原真性上不谋而合。但二者的区别在于，可持续发展建筑中明确指出降低地球资源与环境负荷，创造健康、舒适的人类生活环境，与周围自然环境和谐共生这一理念，地域建筑未曾明确提出。对于地域建筑而言，需要可持续发展，其具体的实现形式是地域建筑的绿色演变与进化。

2.5.3　地域建筑的绿色演变与进化

可持续发展思想要求做到"人—建筑—环境"的协调统一，落实到具体建筑形式上就是绿色建筑。绿色建筑是可持续发展建筑在当今阶段的具体实现形式。地域建筑向绿色建筑的演变与进化是其可持续发展的现阶段实现目标。地域建筑的绿色演变与进化首先应该克服功能-空间、环境舒适以及结构隐患等建筑自身缺陷；其次，在地域建筑的发展过程中，注重对生态学原理、绿色建筑原理的运用，在传承地域风貌的基础上根据当地经济水平，采取和改进技术措施，从建筑形态、适宜技术等角度应对当地的自然与人文环境，注重对资源能源的节约、对健康舒适环境的创造以利自然生态环境平衡发展。

---

① 吴良镛. 北京宪章［J］. 时代建筑，1999.3.
② 庄惟敏. 建筑的可持续发展与伪可持续发展的建筑［J］. 建筑学报. 1998：55.

第 3 章　批判性地域主义建筑理论

20 世纪，现代建筑的出现解决了人们对功能的无限需求，但由此带来了世界面貌的趋同和地区文化特色的消失。人们在全球化时期无法摆脱由先进科学技术造就的现代居住、生产与生活方式，但却更渴望丰富多元的地区文化。在这一需求的冲击下，出现了以借助外来文化丰富自身文化的批判性地域主义理论。它适应了社会发展需求，因而成为目前地域建筑理论中最为活跃的一支。本章在探讨了与地域主义相关的建筑流派与思潮后，重点分析了批判性地域主义建筑理论出现的社会背景、理论先驱、理论内涵、哲学思想。在深入剖析典型实例的基础上，完成了对批判性地域主义建筑从理论到实践的洞察，旨在发掘该理论的先进与局限，以期构建适宜于我国西部地区的建筑更新方法。

3.1　地域主义相关理论

3.1.1　乡土主义

在英文中 vernacular 一词被译作"乡土"，其具体含义是"属于、关于或表示某地、某时、某团体的风格或具有其特征的；尤指属于、有关或本身就是某时、某地普通的建筑风格，使用最普遍或最典型的建筑形式或装饰。"[①] 在美国文化遗产字典中的解释为："是关于某一特定文化中的建筑和装饰风格。"乡土建筑是用当地方言（形式的或空间的）设计的建筑，是一个地域内的居民用长期积累的传统经验和技术建筑的具有共同特征的民间建筑。乡土主义可以称为有建筑师领导的，从乡土建筑中吸取灵感并利用地方技术、材料，建立在地域的气候、技术文化及与此相关联的象征意义的基础上的思想体系。尽管乡土主义在对乡土建筑的创作中带来了新的形式与空间体验，但是依据他们对待当地传统技术与社会的不同态度，可将其划分为两种趋势：一种是"保守式"趋势（Conservative-Trend），另一种是"意译式"趋势（InterpretativeTrend）。

1. "保守式"乡土主义

"保守式"乡土主义最典型的倾向是珍视地区中濒临灭绝的建筑传统与风格，并在吸收社会公众力量的基础上运用创新智慧和设计才能致力于复兴传统；珍视地区传统材料、技术与艺术，并通过创造赋予其新的意义。最典型的做法是完全运用当地材料和技术，严格按照传统工艺施工和建造。从这些典型倾向与做法中不难看出，此种倾向的乡土主义之所以被称为"保守"的原因。其典型代表人物是埃及的哈桑·法赛。尽管这种保守的态度容易被同时代的具有不同价值和目的的人们曲解和误会，但是这种对待材料与技术严谨的

---

① 王同亿编译. 英汉辞海［M］. 北京：国防工业出版社，1990：5864.

态度值得肯定和推崇。

2. 新乡土主义

"新乡土主义"（neo-vernacularism）又称为"意译式"乡土主义，其风格在 20 世纪 60 年代在几个国家兴起，20 世纪 70 年代以后流传到英、美、日等国及第三世界国家。新乡土主义产生的根源在于，城市化发展侵蚀了建筑的地域性特征，人们厌弃了大城市生活，向往追求更舒适、经济的生活环境。其典型倾向是当时欧洲的建筑师不愿重复过去传统的古典语言，鄙夷美国的后现代建筑师以古典建筑为主题的历史主义、装饰主义等做法，渴望新的建筑语汇。新乡土风格的着重点在于本土建筑文化与其他地方的差别，试图赋予乡土建筑以全新的功能使其获得新的价值与意义。常常被用于郊区住宅、小镇的市政建筑、旅游建筑、文化建筑等。其中以旅游建筑为最先实例和典型代表。鉴于度假期间人们对异地建筑的独特文化与风格的短暂期望，因此表达地方性建筑的造型、装饰、习俗、传说等成为新乡土风格的处理手法。建筑师们常常在乡土建筑的外表下运用一些与地方性无关的技术，例如基础设施、采暖、空调及其他服务设施等已达到使用者对现代化、舒适化的要求，管理者对易于建造和维护的要求。因此从本质上而言，新乡土主义并没有继承传统建筑的精髓，只是形式上的模仿和重复。

3.1.2　现代地区主义

现代地区主义可分为抽象的地区主义（Abstract Regionalism）和具象的地区主义（Concrete Regionalism）。

1. 具象的地区主义

具象的地区主义主要是指从构件、外观等具体部件、部位出发模仿地方建筑的方式。为了保存地方传统精神，在满足现代建筑功能要求的基础上，具象的地区主义借传统建筑的典型特征用于现代建筑的整体或局部。这些建筑往往被赋予象征意义，从时代而言往往兼具使用价值和精神价值。具象的地区主义以 20 世纪的"民族风格"为典型代表，如中国 20 世纪 50 年代的大屋顶及 20 世纪 90 年代"夺回古都风貌"，日本 20 世纪 30 年代"帝冠式"建筑等，建筑的形式与空间组织通常都是传统的。

2. 抽象的地区主义

与具象的地区主义不同的是，抽象的地域主义是由过去建筑中抽象出部分元素并衍生出新的建筑形式，往往选取以下两种特性进行抽象提炼并展现：（1）建筑的体积、虚实、比例、空间、光的运用、结构法则等；（2）特定地区的主导文化。它反对仅仅从形式上追求地方性，更强调建造理念、手法、法则的学习与模仿。这种倾向可以在第一代建筑师们如阿尔瓦·阿尔托等人的作品中发现，还可以从西扎、博塔、巴拉甘、柯里亚、黑川纪章等建筑师们——其作品往往是具备复杂功能的现代建筑—的创作中读出他们分别从环境、气候、文化等不同角度出发，利用现代建筑语汇、现代建筑材料与技术，通过空间的组织，去继承和强调源于人们生活空间的建筑的地域性。这种继承与强调是通过有节制的抽象并提炼传统空间中最值得记忆和留恋的地方。

3.1.3　后现代地域主义

查尔斯·詹克斯曾以 1972 年 7 月 15 日美国圣路易的低收入住宅的倒塌为时间界限划

定了现代主义的死亡与后现代主义的诞生，并对后现代主义发表大量论述。随着后现代主义的提出，查尔斯·詹克斯也意识到地方特性在建筑中不可忽视的作用，在其《Architecture Today》一书中提出"后现代地域主义"这一概念，并声称后现代地域主义兴起于20世纪80年代。毕竟是同宗同源，因此后现代地域主义延续了后现代主义采用形式与符号的手法，不过题材多来源于地方。詹克斯意识到对地方性的探讨仅从形式出发具有片面性，试图从"场所"这一更深刻的角度来切入，进行分析。因此，后现代地域主义的特点是强调与地方"场所性"的联系。实际上，他仅对理论及部分建筑师的作品进行总结和分类，并未从方法论上进一步探讨实现场所性联系的方法。

3.1.4 新地域主义

新地域主义的提出是针对由国际式风格的一元语汇造成的建筑文化单一现象，它反对以功能主义、机械美学为基础的现代主义理论及其单一的价值观念。1954年西格弗里德·吉提翁（Sigfried Giedion）在《新地域主义》（New Regionalism）一文中谈到有关地域的认识时认为，当代艺术进行的创造性劳动，都与空间创造有必然的联系。尽管纷繁复杂，但其共同的特征是，这些创造都与其发生的地域有着某种联系。这一认识强调了地域性对空间艺术的作用与影响，尽管艺术创造空间，但逐本溯源是地方要素在无形中影响艺术创造。1959年CIAM在荷兰奥特洛（Otterloo）举行的第十一次会议上，新老两派建筑师分歧严重，具有转折意义。值得一提的是，鉴于对地域主义的独到见解，瑞典建筑师厄斯金对其进行了地理、人文等角度的阐述，认为地域主义不等同于民族主义，也不应受狭隘的民族主义所左右。

进入20世纪八十年代以来，部分建筑理论家对地域主义的研究逐步深入和系统。诺伯格·舒尔茨在《现代建筑之根源》（Roots of Modem Architecture）一书中重提"新地域主义"的概念，认为在建筑中加强对地域风格和品质的表现有助于表达和理解地方场景的传统，并且从整体的、联系的视角出发，认为地域是任何建筑不可或缺的品质。与此同时，亚历山大楚尼斯与利亚纳勒费夫尔在当时的建筑思潮与实践中辨认出一种不同于以往的地域风格，并冠以"批判的"前缀，形成了"批判性地域主义"一说。之后弗兰姆普顿对此也提出自己的看法，并进行大量阐述。

3.1.5 全球-地域一体观

1999年，北京UIA第二十届会议签署的《北京宪章》倡导建立"全球——地方性建筑学"，提出"现代建筑地区化，地方建筑现代化"的口号，这是对批判性地域主义建筑理论的继承和发展。通过巧妙的造字游戏，将Global和Local合二为一新词Glocal，表现了一种混杂、调和的态度。建筑是地区的产物，其形式的意义来源于地方文脉，并使地方文脉发扬光大。可是这并不意味着地区建筑仅仅是地区历史的产物，一成不变。恰恰相反，地区的建筑更应与地区的未来相连。不同国度和地区之间的交流，并不是方法与手段的简单转让，而是激发各自想象力的一种途径。正所谓多元文化交流必然带来地区的发展。这种"全球-地域"建筑观的核心思想可以用一句口号来加以说明，即"全球化的思考、地方性的行动"（Think Globally，Act Locally）。它表明，在新的历史语境下，全球性与地区性已经成为不可独立存在的统一体。正如吴良镛先生所说的："现代建筑的地区化，乡土建筑的现代化，殊途同归，共同推动世界和地区的进步与丰富多彩。"①

3.2 批判性地域主义理论的提出及其发展

在上述各种地域主义流派多种多样的发展过程中，其中一种地域流派引起了部分理论家的关注，并且造成极大轰动。它是回应全球化的发展所造成的问题而出现的一种原创性运动，被当代海外学者沈克宁称为是"最有活力和与时代相融合的"② 运动，这便是"批判性地域主义"。批判性地域主义的理论产生于 20 世纪 80 年代初的西方建筑界，在与后现代主义尤其是"解构主义"的对抗中延续着世界建筑的发展。其实践自 20 世纪五六十年代开始，到楚尼斯和弗兰姆普顿对其总结，直至今日蓬勃发展。在全球化、现代化持续加温并对地域和民族构成极大威胁时，批判性地域主义理论和实践的出现与存在显得十分重要。

3.2.1 理论提出的社会背景

20 世纪上半叶，世界建筑在现代主义建筑的垄断下发展，尤以 20 世纪 50 年代后的"国际式"风格在世界各地大行其道为明显标志。随着工业化的高度文明与信息化的快速发展，全球化的无孔不入和地方特性的延口残喘成为两大主要对抗力量。在建筑领域体现为城市化的快速发展，带来的城市与建筑空间趋同，逐渐淹没了丰富多彩的地区特性。基于此种情景，人们逐渐意识到自我对保护民族特性、发扬与继承优秀传统、丰富文化多样性需求的日渐强烈。正是在这种背景下，20 世纪 80 年代，西方建筑界出现了"批判性地域主义"理论。该理论采取"批判"的思维方式，对待现代建筑与地域建筑，探讨普世文明与地域文化的发展之路，旨在解决目前人们对建筑文化多元化的需求与长期以来形成的方盒子式现代建筑普遍存在的现象之间的矛盾。

3.2.2 亚历山大·楚尼斯与利亚纳·勒费夫尔

1. 理论认知

当代荷兰建筑学者亚历山大·楚尼斯（Alexander Tzonis）和利亚纳·勒费夫尔（Liane Lefaivre）于 1981 年发表了《网格和路径》（the Grid and the Pathway）③ 一文，第一次给"地域主义"添加了"批判的"这一前缀，形成"批判的地域主义"的概念。1990 年，两位学者再次撰文《批判的地域主义之今夕》对"批判性"一词做出了如下深入的阐述。"……我们现在指的更特殊意义上具有的批判性，也即，一种自检、自省、自我估价，不仅仅对立于世界，而且也对立于自身的地域性……批判的地域主义建筑的本质特征在于他们在两种意义上是批判的。除了提供与世界上大批建造的那种颓废、过敏的建筑相对照的意象外它们还对自身所属的地域传统的合法性在视者的脑中提出疑问。"楚氏夫妇以"地域"的概念对建筑进行反思，用"批判的地域主义"指代当今地方建筑发展的一种主

---

① 吴良镛. 世纪之交的凝思：建筑学的未来 [M]. 北京：清华大学出版社，1999：9.
② 沈克宁. 批判的地域主义. 引自：当代建筑设计理论—有关意义的探索 [M]. 北京：中国水利水电出版社，知识产权出版社，2009：141.
③ Alexander Tzonis and Liane Lefaivre. The Grid and the Pathway. *Architecture in Greece*，1981，No. 5.

要趋势。它完全不同于现代建筑的教条，后现代建筑的表面文章，也不同于传统地域建筑对传统、民族和地方文化的刻板固守。面对全球化、现代化冲击，采取友好而非对抗的态度，以自地方特征中衍生出来的元素调节来自全球性文明的冲击。

在楚尼斯看来，批判地域主义代表了更高的价值观，即鼓励创造本土文化、促进人类之间的纽带关系、尊重自然生态资源、加强多样性，它使得全球化的进程在共享价值观和尖端技术的基础上形成一个开放的、高度互动的世界，由此这一进程不仅更加可行，而且能够真正受到欢迎。[①]

在面对现代文明的全球化冲击时，亚历山大·楚尼斯和利亚纳·勒费夫尔认为现代建筑应寻求自我定位，即以本土化作为身份标识，以利在全球化、城市化浪潮中不被淹没和随波逐流，因此，提倡地域建筑的大力发展。但他们提倡的地域主义，不同于以往以地点、传统、民族、习俗等因素作为限制本地文化与世界文化交流的保守地域主义，而是开放、包容的地域主义，提倡本地建筑与世界建筑的交流与共融。

2. 哲学思想

对待地域化问题，两位学者没有采取限制与保护的态度，而是审时度势地看待。这种方法来源于伊曼努尔·康德（Immanuel Kant）的"批判哲学"的思想。该思想缘于康德的"三大批判"著作即1781年的《纯粹理性批判》（后1787年再版）、1788年的《实践理性批判》、和1790年的《判断力批判》以及康德在法兰克福学校的著作。在《纯粹理性批判》中，康德说："我之所谓批判，不是意味着对诸书籍或诸体系的批判，而是关于独立于所有经验去追求一切知识的一般理性能力的批判。"[②] 康德运用的"批判"[③] 一词与我们日常理解的"思想批判"、"错误批评"含义不同，它没有"反驳"、"驳倒"的意思，对康德而言，批判甚至不是否定的意思，而更多的是"检验"的内涵，其含义更接近于中国传统中的"论衡"。《康德<纯粹理性批判>评析》一书关于西方"批判哲学"进行过分类认知[④]。西方哲学传统中批判有大、小之分，康德的"批判"兼有大小两个层次。小批判即狭义上的批判，专指康德对"纯粹理性进行批判性的判断"；大批判，即广义上的批判，是一种哲学思辨的倾向，即对人接受真理"先入为主"态度的质疑，对先前真理的质疑，并且不断反思与批评自我。从目标价值取向上而言，批判又有积极与消极之分。消极批判的目的在于取消对立面或完全否定对方的观点；积极批判是建设性的批判，不是要取消、否定对手，而是要超越对手，达到更高层次的真理境界。由此，康德的"批判哲学"是积极的、大批判，它是"执两端"的、超越对手的，也是建设性的批判。鉴于该思想的引介，楚尼斯与勒费夫尔夫妇、芒福德等人在面对全球化与地域性中两个极端问题时，没有急于完全否定任何一方，而是对两者同时采取"审视"、"检验"的态度，最后在二者之间寻求一个平衡状态（具体见3.2.4节关于芒福德地域主义哲学思想部分）。尽管维护地方

---

① 亚历山大·楚尼斯著，陈燕秋，孙旭东译. 全球化的世界、识别性和批判地域主义建筑 [J]. 国际城市规划，2008，23（4）：115-118.

② 转引自李泽厚. 批判哲学的批判——康德述评 [M]. 北京：人民出版社，1984：61.

③ 刘晓竹. 康德《纯粹理性批判》评析——序言·导论·先验感性论篇 [M]. 北京：中国妇女出版社，2002：100.

④ 刘晓竹. 康德《纯粹理性批判》评析——序言·导论·先验感性论篇 [M]. 北京：中国妇女出版社，2002：99-102.

情绪，但是楚尼斯第一次在"地域主义"之前加上"批判的"定语，以示对"地域主义"本身的"批判的"态度，对现代建筑的当今发展的批判态度。具体而言，体现在对恪守传统地方文化的批判和对由全球化带来的普世文明和单一文化的批判。

3. 实践策略

对地域化与全球化的批判性认知之所以能够是基于认识和美学上的"陌生化"方法。"陌生化"方法原本应用于文学创作领域，楚氏夫妇将其引入建筑学领域，在建筑创作中将原本熟悉的建筑语言进行陌生化甚至复杂化加工，以重新唤起人们对周围环境的兴趣，此即建筑作为艺术形式所应产生和具备的艺术感染力。尽管认为应该采用"陌生化"方法进行地域建筑创作，在楚、勒二人的论著中却并未提及关于"陌生化"理论的来源以及具体的建筑手法。就这一问题，清华大学单军博士在其论著《建筑与城市的地区性：一种人居环境理念的地区建筑学研究》中，对"陌生化"理论的来源与楚氏对该法的引入进行了深入的剖析。"陌生化"理论最早由俄国什克洛夫斯基提出，在俄文中译为"反常化"，与"自动化"、"机械化"成对立概念。陌生化或反常化就是一种不断更新人对世界感受的方法，它要求人们摆脱感受上的惯常化，以惊奇、诗意的眼光看待习以为常、司空见惯的事物，则会产生新鲜、惊奇、焕然一新的感觉。这种方法不同于传统地域主义运用熟悉的符号拼贴以唤起"乡愁"的怜悯情节，而是将熟悉的建筑语言陌生化以重新创造空间与细节，以引起人们对周围环境的兴趣。为了吸收传统文化的精髓，处理与自然环境、与传统建筑的关系，新建建筑可以采取抽象、解释以及悖论的方法以达到陌生熟悉事物以重新创造空间的目的。除此外，可采取认识论的批评法和泛文化的并置法[①]，凭借文化背景的差异，比较异地文化与本土文化，从而借鉴异地文化的优势达到陌生和创新本土文化的目的。

楚氏的"陌生化"方法，单军的逐本溯源与深入研究，都是基于不断自我反省的认识论基础上的建筑创作方法探讨，对此笔者持赞同态度，并且认为这种方法确实能产生意想不到的陌生效果以唤起人们对周围环境的关注。但深入研究后发现，这些创作方法主要集中于从空间、形态、材料等角度探讨建筑与周围环境、传统文化的关系。既然是以"地域"为题以引起人们对当今建筑发展趋势的思索，那么，对建筑发展的关注就不仅仅局限于从形体本体出发考虑与周围环境的关系问题，是否还可从建筑本身所具备的基本性能以及为人提供服务这些本质问题出发，探讨这一文化载体在当今全球化浪潮中的定位问题、保持自我文化多样性问题以及持久发展问题。

2007 年，楚尼斯与勒费夫尔出版《批判性地域主义——全球化世界中的建筑及其特性》[②] 一书。书中二人列举了一些当代地域建筑的典型代表，并进行类型划分。在处理与自然环境关系方面，阿尔瓦·阿尔托的塞纳特塞洛市政厅在形态组织、材料选择和技术处理方面契合了地形与场址，很好地做到与周围环境的呼应。从维护传统的角度，圣地亚哥·卡拉特拉瓦设计的 Ysios 葡萄酒厂、隈研吾设计的安藤广重博物馆等分别从形态、材质等方面回应周围环境。关于地域建筑与现代工业技术的关系问题，伦佐·皮亚诺设计的吉巴欧文化中心、MVRDV 设计的 Hageneiland 住宅等都表明了使用新技术与新产品一样能够

---

① 单军. 建筑与城市的地区性：一种人居环境理念的地区建筑学研究 [M]. 北京：中国建筑工业出版社，2010：124.

② [荷]亚历山大·楚尼斯，利亚纳·勒费夫尔著，王丙晨译. 批判性地域主义——全球化世界中的建筑及其特性 [M]. 北京：中国建筑工业出版社，2007：44-151.

使建筑融入当地环境。除此外，一些中国当代建筑作品也被楚氏认为是批判性地域主义的代表，例如吴良镛先生的菊儿胡同、李晓东设计的玉湖小学、王路的天台博物馆、王澍的中国美院转塘校区等等。

3.2.3 肯尼斯·弗兰姆普顿

1. 理论认知

继楚尼斯与勒费夫尔的"批判性地域主义"学说提出之后，美国哥伦比亚大学建筑历史学教授肯尼斯·弗兰姆普顿（Kenneth Frampton）在1983年发表"走向批判的地域主义：抵抗建筑学的六要点"[1] 一文和"批判的地域主义面面观"一文，以及在1985年出版的《现代建筑——一部批判的历史》[2] 一书中正式将"批判的地域主义"作为一种明确和清晰的建筑思维来讨论。他并没有发明批判的地域主义，而是识别和辨认出这种存在了一段时期的建筑观点和流派。并且，他指出在建筑设计中可以被认为是批判的地域主义的六种要素。这六种要素为：

（1）批判性地域主义被理解为是一种边缘性的建筑实践

这种"边缘性"可理解为，地域主义是与当时在世界各地大肆开展的以现代建筑实践活动为中心相对而言的实践活动。虽然它对现代主义持批判的态度，但它拒绝抛弃现代建筑遗产中思想解放和进步的方面。同时，它与早期现代主义的标准化优化原则和幼稚的乌托邦思想保持一定的距离。

（2）批判性地域主义突出"场所-形式"的文化特征

为了证明地域建筑的"存在"，弗兰姆普顿引用海德格尔理论引出"边界"的概念，即"……'存在'的前提，只有在其边界是明确的情况下才能成立。"因此，批判性地域主义表现为设置自我边界的学科，但它并不强调建筑作为独立实物的清晰边界，而在于突出以构筑物建造在场地上建立起的领域感，以此表达建筑的场所精神。

（3）批判性地域主义强调对建构（Tectonic）要素的实现和使用

批判性地域主义倾向于把建筑体现为一种构筑现实，因此强调建筑建设过程中的材料选择以及具体的构造措施，而不鼓励将环境简化为一系列无规则的布景和道具式的风景景象系列。

（4）批判性地域主义强调特定场址要素的作用

批判性地域主义注重某些与场地相关的特殊因素来表达地区性，这些要素包括地形地貌、光线、气候等。地形被视为能够将建筑物配置其中的三维母体。鉴于光线的自由变化与表现力，它被视为展现建筑体量和结构价值的主要手段。气候是建筑对地区适应性的明确解答，批判性地域主义反对"现代文明"大量利用空调的趋势，认为应将所有开口处理为微妙的过渡区域，从而对地形、光线和气候作为合理反应。

（5）批判性地域主义将触觉提高到与视觉同等重要的地位

长期以来视觉形象优先的感官经验，压抑了嗅觉、听觉、味觉等其他感官判断，造成了人们对客观环境认知上的缺陷。批判性地域主义期望重新调动人们的触觉，客观认知周

---

① Kenneth Frampton. Towards a critical regionalism：six points foran architecture of resistance. in：H. Foster，editor. *Postmodern culture*. London：Pluto Press；1983：16-30.

② （美）肯尼斯·弗兰姆普顿. 现代建筑——一部批判的历史［M］. 张钦楠等译. 北京：生活·读书·新知三联书店，2004：354-370.

围环境的冷热、明暗、潮湿、气味、声音等等，以唤起人们对触摸真实建筑环境的渴望。它反对当代信息媒介时代那种用信息取代真实的经验的倾向。

（6）批判性地域主义对地方和乡土要素的再阐释

批判性地域主义虽然反对感情用事地煽情模仿地方和乡土，但他并不反对偶尔对地方和乡土要素再阐释，并将其作为一种选择和分离性的手法或片断注入建筑整体。它试图培育一种当代的、开放的但又指向场所的文化，倾向于以悖论方式创造一种既本土又世界的当代建筑文化。

2. 哲学思想

（1）批判哲学

弗兰姆普顿之所以沿用楚尼斯与勒费夫尔对地域主义的称谓，是因为他接受了法兰克福学派的批判理论。因此，与楚氏夫妇具备相同的观点。

（2）哲学现象学

从对地域建筑基本特征的归纳中，流露出哲学现象学对弗兰姆普顿思想的影响。这首先要追溯到现象学关于"存在"、"空间"、"场所"等概念的阐述。20 世纪 20 年代德国哲学家马丁·海德格尔[①]运用现象学方法创立新本体论及后期从语言和诗学角度关于人类存在属性和真理的研究，关于世界、居住、建筑之间关系的论述。在关于"存在"及其意义的研究中，人和世界是同时出现的一个不可分割的整体，因为人的存在总是体现在世界的存在，这种存在是在人们与世界其他事物打交道的过程中显现出来。世界是由天地之间的事物组成，真正的事物是指那些能够具化或揭示人们在世界中生活状况和意义的东西。"居住"是人类在地球上存在的本真方式，表明人们身心归属于特定的生活环境。使人们产生归属感的建筑空间就是"场所"。居住和场所是人类在世界中进行建筑活动的根本目的。在海德格尔看来，作为艺术品的建筑，包含了本真的知识和技术，并以具体而有力的特征具化和揭示人类的生活状况及其与世界的基本联系，因而能够为"存在提供一间绝无仅有的家宅和殿堂，并担负起保管的职责"。[②]

依据挪威建筑理论家诺伯格·舒尔茨对建筑现象学的理解，认为场所精神是建筑现象学的核心内容，并在其 1980 年出版的《场所精神》一书中进行大量阐述。从对"场所—形式"在批判性地域主义建筑特征的强调中，我们能够看到建筑现象学的"场所精神"理念对弗兰姆普顿的影响。建筑现象学研究的主要内容[③]包括：建筑环境的基本质量和属性；人们的环境经历及其意义；衡量建筑环境的社会和文化尺度；场所和建筑同人们存在的关系等等。其中，关于人们的环境经历这一内容在丹麦建筑学者斯汀·拉斯姆森的著作《建筑体验》[④]中有明确研究，其中就涉及建筑环境元素诸如实体、空间、平面、比例、尺度、

---

　　① 马丁·海德格尔：德国哲学家，在 20 世纪 20 年代末改变了现象学研究的方向，开创了侧重探讨存在问题的新思潮，引领现象学研究进入存在论时期，成为 20 世纪存在主义哲学的创始人和主要代表之一。海德格尔认为，反思的意识尽管重要，但必须首先研究意识经验背后更基本的结构，即所谓前反思、前理解与前逻辑的本体论结构——此在（da-sein）结构。只有通过对这一基本结构的研究，才能了解意识和先验自我的可能性及其条件，从而揭示隐蔽的"存在"。由于海德格尔探讨存在的意义问题，因而其学说又被称作解释学的现象学。

　　② 李河，刘继译. 海德格尔［M］. 北京：中国社会科学出版社，1989：207.

　　③ 刘先觉. 现代建筑理论：建筑结合人文科学自然科学与技术科学的新成就［M］. 北京：中国建筑工业出版社，2008：112.

　　① 斯汀·拉斯姆森著，刘亚芬译. 建筑体验［M］. 北京：中国建筑工业出版社，1990.

质感、色彩、节奏、光线和音响等在视觉、听觉、触觉等方面对人们环境经历的微妙而深刻的影响。从弗兰姆普顿对触觉感受与视觉感受同等重要这一理念的强调中，就能够清晰地看到弗氏对批判性地域主义建筑所带给人们的环境感受的内容认知与建筑现象学研究内容相契合，进一步印证了弗氏哲学思想的来源。

3. 实践策略

在现代建筑进步的面前，地域文化难于阻挡全球文明的冲击，为此，如何处理二者关系成为在维系和发展现代建筑的同时保存地域文化多样性的关键。弗兰姆普顿运用"悖论"（paradox）方式思考和对待这一矛盾统一体。悖论这一概念缘于逻辑学、数学、语义学等学科，指在表面上能自圆其说，在逻辑上却推导出互相矛盾结论的命题或理论体系。在这里要解释一个与"悖论"对立的概念"常论"，以便帮助更好地理解悖论的含义。常论，是普遍适用的道理和法则或平庸的言论，因此是大众的意愿和观点，很难突破惯常思维。悖论则恰恰相反，它不同常理，常常以对立意见替代日常思维。运用悖论的方式思考，可以对习以为常的问题进行重新思索以发现新问题，运用悖论的方式创作，能避开常人思维，独辟蹊径，从而产生新鲜、意外、陌生之感。悖论式思考体现在弗氏引用哲学家保罗·里柯（Paul Ricoeur）《普世文明与民族文化》中的一段话，来阐明面对现代文明的冲击与民族文化的固守，应该采取何种态度。"一方面，它应该扎根在过去的土壤，锻造一种民族精神，并且在殖民主义性格面前重新展现这种精神和文化的复兴；然而，为了参与现代文明，它又同时必须接受科学的、技术的和政治的理性，而它们又往往要求简单和纯粹地放弃整个文化的过去。事实是：每个文化都不能抵御和吸收现代文明的冲击。这就是悖论所在：如何成为现代的而又回归源泉；如何复兴一个古老与昏睡的文明，而又参与普世的文明。"[①] 除思考方式外，在实践中弗兰姆普顿也声称采取悖论方式。在批判性地域主义诸要素中，他明确提出"不反对偶尔对地方和乡土要素再阐释"的观点，但是建议采取悖论方式进行再阐释，以此形成新鲜、活力、不落俗套的建筑风格。正是悖论式思考，弗兰姆普顿才会对当代建筑按照国际主义、后现代主义、解构主义等路径发展的正确性产生怀疑，才会意识到地域建筑必须在与全球文明的交流中得到发展，才会提出在地域与全球之间取得平衡的现代建筑发展策略。因此，以悖论方式出发思考和解决建筑创作中的难题，可突破惯常的建筑语言，寻求对通常模式的新的解答，常常得到意想不到的效果。

除鉴别和总结出批判性地域主义具备的基本特征外，弗兰姆普顿还列举出一些具备批判精神的地域建筑师及其作品。弗氏认为葡萄牙建筑大师阿尔瓦罗·西扎具备现实超敏感性，其作品紧密反映了波尔图地区的城市、土地和海景。善于运用触觉和构筑的手法，尤其体现在一些小型住宅上。奥地利建筑师雷蒙·阿伯拉罕的作品反映了场所的创造和建筑形式的地形特征。墨西哥建筑师路易斯·巴拉干也是善用触觉手法的代表，一直试图寻求一种感官的和附着于土地的建筑。这些特征体现在 1947 年他设计的自宅以及 1957 年与马蒂亚斯·戈立兹合作完成的墨西哥城的卫星城塔楼中。瑞士的提契诺学派对商业化现代主义持抵制态度，强烈倾向地域主义，其中最典型的代表就是马里奥·博塔，他的地域性体现在无论周围环境是自然景观还是历史城市，都能娴熟应对。通过类型学方法建造达到建

---

① （美）肯尼斯·弗兰姆普顿. 现代建筑——一部批判的历史［M］. 张钦楠等译. 北京：生活·读书·新知三联书店，2004：354.

立场所精神的目标，在其代表作圣维塔莱河住宅（如图 3-1，图 3-2）中体现最为明显。不破坏城市文脉并容纳原有建筑功能，体现在他与卢伊奇·斯诺齐合作设计的苏黎世火车站和佩鲁齐管理中心两个方案上。除欧美地区外，安藤忠雄在弗氏眼中是最具地域意识的亚洲建筑师之一。安藤利用混凝土墙的界限围合内向院落，并利用自然元素如阳光、风、水等的作用，以形成自然景观，试图寻找和恢复与自然联系紧密并向自然开放的日本居住建筑（如图 3-3，图 3-4）的典型特征。这样的建筑处理方式，对于摆脱现代建筑造成的地域、民族特色缺失的现象，表面看似封闭，实则在思想和方法上是开放的。

图 3-1　圣维塔莱河住宅手绘草图
图片来源：大师系列丛书编辑部. 马里奥·
博塔的作品与思想 [M]. 北京：中国电力出版社，2005.

图 3-2　圣维塔莱河住宅实景
片来源：大师系列丛书编辑部. 马里奥·博塔的
作品与思想 [M]. 北京：中国电力出版社，2005.

图 3-3　小攸邸住宅鸟瞰
图片来源：大师系列丛书编辑部. 安藤忠雄的作品
与思想 [M]. 北京：中国电力出版社，2005.

图 3-4　小攸底住宅室内
图片来源：大师系列丛书编辑部. 安藤忠雄的作品
与思想 [M]. 北京：中国电力出版社，2005.

3.2.4　刘易斯·芒福德

为了深入洞悉批判性地域主义的理论渊源，就不得不探讨一位重要人物的地域主义思想，这就是美国学者刘易斯·芒福德（Lewis mumford）[①]。之所以在这里专门讨论他关于

---

　　① 刘易斯·芒福德（Lewis mumford）：美国城市规划学家、哲学家、历史学家、社会学家、文学批评家、技术史和技术哲学家。其著作涉及建筑、历史、政治、法律、社会学、人类学、文学批评等。从 1925 年担任美国社会研究新学院讲师起，他先后在哥伦比亚大学、斯坦福大学等十余所大学担任过讲师、教授或访问教授、高级研究员。

地域及地域主义的看法，是因为他掀起建筑史上对地域建筑的再一次争辩，引领"地域主义"第一次走上自我反省、自我批评的道路，甚至影响了目前最具活力的"批判性地域主义"思想的形成与发展。

1. 理论认知

芒福德对地域主义的描述见之于他零散的著作中，可追溯到 1924 年的《棍棒与石头：美国建筑和文明》（Sticks and Stones：American Architecture and Civilization），1961 年的《历史中的城市》和 1968 年的《城市前瞻》以及其他著作如 1934 年的《技术与文明》（Technics and Civilization），1941 年的《南方建筑》和 1945 年的《夏威夷报告》。

芒福德的地域主义批判思想产生于 1920 年代，从 1930 年代起逐渐走向成熟。它植根于美国文艺复兴的浪漫和民主的多元文化主义。当时的美国，一方面仍然沉浸在古典折衷主义的浪潮中，建筑师对欧洲模式推崇至极，在设计中大量地照搬古典形式要素。另一方面，现代主义建筑运动兴起，"国际式"风格风靡世界。他提出了对现代主义秉持的功能至上的目的、自上而下的原则以及标准化、程式化的教条等的质疑，引起人们对建筑本质及其发展方向的深度思索。芒福德在其导师帕特里克·格迪斯①的影响下，针对当时的美国建筑潮流，从历史和现实的两个层面进行双向批判，对地域主义进行全面反思并重新定位，从而建构出了一套完整的地域主义思想。

综合楚尼斯与勒费夫尔的观点，芒福德所定义的地域主义的五点特征可以归纳如下，对此笔者也有自己的见解。

（1）批判地继承历史

他的地域主义脱离了其旧有的形式，拒绝绝对的历史决定论。他拒绝新建筑对老建筑进行完全的仿造，真实地再现曾经的建筑形式，或建筑寻根都只能算作是一种犯了时代错误的尝试。对于所有的艺术来说，过去不能复制，只能在精神上体现。同样，如果地方建筑材料不符合当今的建筑功能，芒福德一样会拒绝。他赞同完全抛弃那些不适于当代地方需要的"历史引用元素"。

（2）建筑本质的自然回归

他反对如画的、纯粹美学上和精神上以个人口味对景观的享受。对他来说，地域主义不仅仅限于场所精神，还应是"一个可以让人碰触的、产生回忆的地方"。他是城市花园运动的支持者，在区域规划的问题上包含了"生态"和"可持续发展"的思想。其中他完成了作为"设计师"的唯一一个设计——夏威夷总体规划，这个设计是第一个按照"花园城市"的原则来规划的热带城市。芒福德把它当作是一个"大公园"，种植各种热带植物；同时，他又反对把公园仅限于"消遣娱乐区"，而力图使它能够适应综合的城市生活，即发挥植物绿化带给城市的良好的气候、视觉以及心理环境的作用。他还提出基于绿带和车辆禁行区的城市总体规划方案，这标志着美国地域主义思想的顶点。

（3）生态观绝不意味着放弃先进技术

芒福德的生态学观点并非是对一切机器文明下意识的反抗，他赞成使用当时最先进的

---

①　帕特里克·格迪斯：英国生物学家，社会学家。现代城市研究和区域规划的理论先驱之一。格迪斯对芒福德理论思想的形成产生了比较重要的影响，在格迪斯帮助下，芒福德对生态产生了深刻的认识，并且建立起了地域与和谐自然的理念。

技术，只要它在功能上是合理的和可接受的。芒福德是以一种高度赞赏的态度来思考工业化和机械化的新文明的。

（4）多元文化对地区发展的进步作用

芒福德对传统地域主义所定义的单一文化的"社区"感到不安，因为它是建立在种族群落、血缘关系与附属于所在的排外的地区之上。他赞成社区应该是"多文化并存的"。与芒福德同时代并且也积极投身于地域主义的作家马丁·海德格尔关注"场所"、"地球"、"土地"、"家园"等地域因素，并且认为这些因素与"种族"相联系，即上述因素是依靠共同的人种特征、土地、语言联系在一起发挥作用形成的地域特征。在海德格尔看来，脱离开人种特征、土地、语言的联系，意味着民族的颓废和衰落。尽管认同海德格尔关于地域因素的提炼，但是芒福德恰恰认为脱离开人种特征、土地、语言的联系将带来地域特征更大的进步，即外界异质因素的介入能提供与本土特征更丰富的交流，杂交的结果可能产生积极推动本地文化发展的正面影响，当然，也存在产生负面影响的可能。即便如此，这种开放、包容、接纳外来文化的态度值得称赞。同时，采取"批判的"眼光审视异质因素或许能够减少其对地域文化进步带来的负面影响。相比较而言，海德格尔的地域观限定在一定地区、一定血缘关系范围内发生，对于地域文化进步而言具有保守性和限制性。

（5）建立全球化与地域化的平衡关系

芒福德并没有把"当地的"（"地域的"）和"普遍的"（"全球的"）两种观念对立起来。之所以被称为是"地域主义"者，说明芒福德本身对地域特征、传统文化持坚定的赞成态度。笔者认为他对地域主义的最大贡献不在于前者，而在于承认并且接受全球文明冲击的现实，承认并且接受普适化趋势，更重要的是，他并没有把地域主义视为抵抗全球化的一种工具，而是将普适化标准与当地特征相结合，并且在它们之间建构一种微妙的平衡。各种地方文化之间不可避免地具有共通之处，总有来自"地域"之外的不同文化的影响，使其在不同时间、不同空间或是不同的时空中与当地的地域分离。如果我们在使用"地域"这一概念的时候，总能想到它的时空背景"普遍性"，不再忽视它们之间永不间断的接触与交流。但是遗憾的是，从目前的资料中，笔者并未看到芒福德关于全球化与地方化之间平衡的"度"的把握与取舍的讨论。

2. 哲学思想

芒福德的地域主义思想在《批判性地域主义——全球化世界中的建筑及其特性》一书中被楚尼斯和勒费夫尔认为是"批判性的"，原因在于他不仅对全球化持有批判态度，而且对地方和地域主义持批判态度。从而第一次与几百年来的地域主义运动相决裂。芒福德不再反对普适性，并且认为地域主义应该成为在地方与全球之间不断交流和沟通的一种持续过程。

芒福德的地域主义哲学思想体现在①：

（1）批判哲学——芒福德对待地方风格、全球文明冲击的态度体现了对真理"先入为主的接受"的传统思维方式的思辨。在自身认识的范围内，通过内省和自我批判，从而达到自我进步的目的。尽管芒福德没有明确提出过"批判的"一词，但他却是第一个在这种意义上，对地域主义进行系统地反思的思想家。因而，这种地域主义态度被亚历山大·楚

---

① 本部分参照利亚纳勒费夫尔对芒福德地域主义思想的评析。见（荷）亚历山大·楚尼斯，利亚纳·勒费夫尔. 批判性地域主义——全球化世界中的建筑及其特性［M］. 王丙晨译. 北京：中国建筑工业出版社，2007：14-39.

尼斯和利亚纳·勒费夫尔尔称之为"批判性地域主义"。

（2）相对性概念——芒福德在地域主义中第一次运用了相对性的概念，芒福德认为地域主义应与全球化、普适性相结合，而非传统地域主义所采取的誓不两立的态度。对于地方与全球之间的矛盾与不均衡现象，他采取的是交流、沟通而非拒绝，参与而非抵制，融合而非隔离的地域主义态度。在他看来，地域主义成了一种在地方与全球之间，在诸多构成地域主义概念的问题上，持续折中的过程。这来自于他对传统地域主义从根本上的批判和反思。

（3）中间理论——《我和你》的作者，德国哲学家马丁·布伯（Martin Buber），是20世纪第一个从由奥尔格·西美尔（George Simmer）发起的、在德国占有主导地位的、"血与国土"的社会学理论的讨论中，做出另外一种选择的哲学家，他的最大成就在于开创了"中间理论"，即社会的主要存在状态是处于不断更新的"中间状态"，而非固定在那些传统的血缘关系和民族特征中。由此，他打开了通向"多文化社会"的道路，如同布伯的哲学一样，芒福德的地域主义采取的是一种超越对抗的姿态，来化解那些根深蒂固的、文化上遗传的矛盾和斗争。芒福德的地域主义植根于由惠特曼和爱默生提出的"美国文艺复兴"的浪漫、民主的多元文化主义。

3.2.5 三者区别与联系

1. 哲学思想

从上文对三位学者的批判性地域主义思想的讨论中，不难看出，楚氏夫妇认同芒福德关于"地域主义"的思想并以"批判的"前缀区别了此时的地域主义与以往任何时代的地域主义的区别。由此引发了楚尼斯与勒费夫尔对"地域主义"理论的进一步修正和改进。因此，可以说楚氏夫妇关于"地域主义"在概念上对芒福德是一脉相承地继承与发扬。从时间上看，弗兰姆普顿对"批判的地域主义"的提出要稍晚于楚氏，在"批判的地域主义：现代建筑与文化认同"[①] 一文中，弗兰姆普顿引用楚氏对20世纪中期希腊部分建筑中结合钢筋混凝土结构与当地材料运用的实践，结合标准方格网布局与希腊乡土建筑中迷宫式路径运用的实践，赞同楚氏关于"批判的"看待地域主义的观点，即不排斥现代文明中科学技术的发挥与应用，并积极借鉴其先进成果；不放弃本土建筑中的代表性语汇，并积极采纳与利用。即便如此，对甄别地域建筑是否隶属于"批判的"范畴所具备的基本特征也提出自己独到的见解。

尽管几位先驱对批判性地域主义理论包含的内容有各自独到的见解，但是他们审视当代建筑发展的态度和思想都来源于康德的"批判哲学"思想。这决定了三者出发点的一致性。但是当具体到地域主义涵盖的具体内容时，暴露出楚尼斯对芒福德的认同和与弗兰姆普顿的差异。在地域建筑应当以形式树立场所精神的观点中，流露出弗兰姆普顿思想中隐含的哲学现象学观点。而楚尼斯夫妇以芒福德与现象学代表人物海德格尔对地域认识的差异来声明自己的观点，在他们所谓的地域主义概念中更倾向于芒福德提出的多元文化主义，而马丁·海德格尔关于地域的认识是基于"土地"、"家园"等概念基础上的拥有共同血缘、民族的地区，排斥外来因素介入的多文化交流。因此，楚、弗二人在这一点上差异巨大。

---

① （美）肯尼斯·弗兰姆普顿. 现代建筑——一部批判的历史［M］. 张钦楠等译. 北京：生活·读书·新知三联书店，2004：354-370.

2. 实践策略

对于与新技术、新材料的关系，芒福德认为地方建筑应当与新的建筑技术和建筑材料相结合，反对不加甄别地使用现成的地方材料；对于与传统和历史的关系，芒福德认为应该在理解的基础上进行地方建筑的再创造，而不是一味地简单模仿我们祖先的建筑形式。这些具体的实践策略，被楚尼斯与勒费夫尔引用文学创作方法概括为"陌生化"，是有意将原来熟悉的事物以新鲜的方式呈现，达到陌生的效果，以换取人们的注意。而弗兰姆普顿倡导的"悖论式"方式是在摆脱常理的基础上以对立的观点提出见解。即便两者采取的具体方法和经历的过程稍有差异，但实际的目的是基本一致的，即唤醒人们对周围环境的重新关注与体验而不仅仅局限于常理和司空见惯，因此二者有异曲同工之妙。单军先生认为可以采取抽象、解释、悖论等方法陌生众所周知的建筑语汇达到重新创造空间的目的。由此可见，"悖论式"方式是囊括在"陌生化"策略之内的，是为达到"陌生化"效果可采取的手段之一。在操作层面上，楚氏夫妇在"陌生化"策略下没有提出关于地域建筑的具体衡量标准、创作方法、实践步骤或评价体系等。弗兰姆普顿通过他对批判性地域主义诸要素的识别与阐述，提出地域建筑创作涉及的具体内容，例如建筑形式建立的场所精神，特定场址的地形、光线、气候等要素，与人感觉相关的声、光、热的物理环境等等。

3.3　批判性地域主义建筑实例分析

在对批判性地域主义理论梳理与归纳的基础上，本节以东、西方两个典型实例阐述该理论在建筑实践中的具体体现，以此证明批判性地域主义理论的先进性与强大的生命力。

3.3.1　实例一：特吉巴欧文化中心

1. 背景

特吉巴欧文化中心坐落在南太平洋岛国新喀里多尼亚[①]（New Caledonia）的首都努美阿[②]（Nouméa）的东部海湾地区。该文化中心的落成缘于法国政府与新喀里多尼亚独立运动之间的一场政治交易。自 1853 年成为法属地之后，新喀里多尼亚当地的坎纳克人（Kanak）就与外来统治者之间冲突不断。鉴于当地丰富的矿产与旅游资源，法国政府不愿放弃该属地。为延缓当地的独立进程，1988 年法国政府答应共同成立"坎纳克文化发展委员会"（ADCK）并提供资助，以此作为对当地独立运动的一种让步，其中的一项重要内容就是由法国政府斥资兴建一座坎纳克文化中心。民族独立运动领导人吉恩·玛丽·特吉巴欧[③]（Jean Marie Tjibaou）1989 年的遇刺身亡事件加速了文化中心的建设。法国政府在国际竞赛中提出明确要求：能反映坎纳克文化中仪式与风俗的复杂性、三十八种语言以及最为

---

① 新喀里多尼亚：法国在南太平洋的海外领地，包括新喀里多尼亚，沃尔波尔，松树岛以及其他一些岛屿。首府为努美阿。新喀里多尼亚为其主要岛屿，镍的储藏非常丰富，位居世界前列。

② 努美阿：建于 1854 年，初称"法兰西港"（Port-de-France），新喀里多尼亚领地首府和港口，位于新喀里多尼亚岛西南沿海。1866 年改名"努美阿"。城市三面环山，一面临海。临深水良港，港外有努（Nou）岛和礁石保护。港内水深，风平浪静，是西南太平洋最好的港口之一。

③ 特吉巴欧：特吉巴欧青年时代曾赴法国学习社会学和人类学，经历过著名的 1968 年"五月风暴"的洗礼，回到新喀里多尼亚后，特吉巴欧成为民族文化振兴和独立的领袖，1989 年遇刺身亡。

重要的独立诉求。伦佐·皮亚诺（Renzo Piano）从 170 个方案中夺魁。文化中心最终于 1998 年 5 月 4 日落成。由于特吉巴欧在发展坎纳克文化中的特殊功绩，文化中心以其姓氏命名。

2. 自然环境

新喀里多尼风景秀丽，植被茂密，被誉为南太平洋天堂岛国。文化中心坐落在努美阿东部的 Tina 半岛的一个被热带仙人掌覆盖着的山甲上。该山甲位于一个咸水湖和海洋之间。文化中心占地面积约 8ha，总建筑面 8000m²，场地东西两面临海，植被茂密。在场地中各种自然要素风、鸟、石头、植被、阳光、树影等都是环境的一部分。也正是这些自然要素清晰地记载了这块土地上发生的一系列事件。"在开始工作之前，我通常要在当地花费很长时间，努力把握这个地方的'场所精神'。我们仍然用了一个下午的时间和 P·莱斯一道乘小船勘查现场，构想着设计的创意、小岛的轮廓以及建筑的尺度。这种地形学研究的方法所包含的用地形态研究的内容与建筑研究的内容同样丰富。当所有材料汇集到一起后，对场所的感觉便基本形成了。"① 尽管这段话是皮亚诺关于"场所"与"技术"关系的论述，但从中我们看到他注重设计前期对场地的勘查与把握，注重建筑形式与手法对场所精神的呼应、塑造与提升。如图 3-5 所示为设计师在考察现场时绘制的构思草图，从中不难看出皮亚诺基于场地地形、植被等近人因素考虑形成的新建筑雏形。在场地的前湾地区（如图 3-6），地势陡峭，树木繁茂，海风较强。在强风与陡峭的悬崖处，设计师塑造了高耸的圆形棚屋构筑物，以此强化地形特征。其中，圆形构筑物中最高者高度达 28m。在后湾地区（如同 3-6），场地坡度平缓，一览无余，环境安静，海风温和，建筑则顺应地势沿横向水平展开。十个棚屋以三、三、四的组合方式分为三组，从高度和体量上沿山脊线成曲线横向展开（如图 3-7）。为了给人以建筑内外统一之感，建筑内部空间净高呼应屋顶标高，随屋面标高升起或下降。

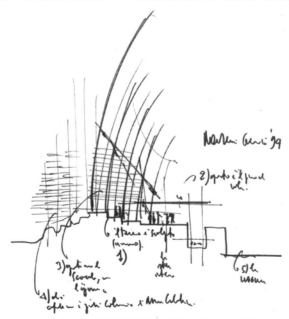

图 3-5　设计师绘制特吉巴欧文化中心草图

图片来源：大师系列丛书编辑部. 伦佐·皮亚诺的作品与思想［M］. 北京：中国电力出版社，2006：70.

---

① 转引自肯尼斯·弗兰姆普顿. 千年七题：一个不适时的宣言——国际建协第 20 届大会主旨报告［J］. 建筑学报，1999，8：11-15.

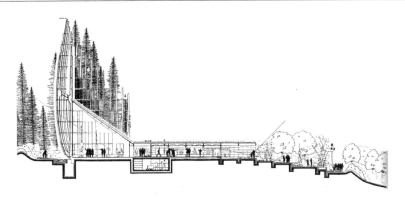

图 3-6　建筑前后尺度剖面示意

图片来源：（英）维基·理查森. 新乡土建筑［M］. 吴晓，于雷译. 北京：中国建筑工业出版社，2004：136.

图 3-7　特吉巴欧文化中心鸟瞰

图片来源：大师系列丛书编辑部. 伦佐·
皮亚诺的作品与思想［M］. 北京：
中国电力出版社，2006：71.

3. 历史文化

（1）村落

在场地的自然环境中，从环礁湖畔延伸至岬角末端，有一条自然形成的长 1km 的小路，小路顺应着海岛特有的地形，串接了由树木、花草、水塘、石头等元素组成的三个自然植物覆盖区。在当地著名的社会人类学家兼南太平洋文化专家阿尔班·本萨（Alban Bensa）帮助下，设计者有意保留这条原始的小径，并把它与建筑结合在一起。线性道路如移动的梭编织着一侧高低大小各异的方形公共空间，其间错落有致，院落出现，继而庭院也随着植物、阳光的渗入而产生。这条"历史的小径"象征着原始人的自然村落，为坎纳克文化所展示的人类演化过程提供了一系列隐喻，其中包括了死亡、重生和自然等主题。这一隐喻完全体现在文化中心的空间布局上。整个建筑群形成了"点""线"模式（如图 3-8），"棚屋"为"点"，10 个圆形"棚屋"成三簇状连成一"线"，隐喻"坎纳克历史之路"。空间的隐喻在该建筑的设计中得到充分的体现。

（2）原始棚屋

虽然时间久远，坎纳克还没有形成自身的建筑传统，那里既没有宗教建筑又没有公共建筑，美拉尼西亚人用易腐材料、茅草覆顶搭建的简陋棚屋，存在时间极为短暂，并没有长久使用的打算。原始棚屋（如图 3-9）是"由中央柱及周围环形柱形成的框架支撑，柱与柱之间由木穿坊联系，代表着坎纳克人的团结精神。构件之间由果子纤维绑扎。"[1] 文化中心由 10 个具有不同功能的"点"组成（如图 3-10），分别容纳着画廊展馆、图书馆、多媒体中心、青年中心、学校资源等空间。走廊西侧是临时展厅，400 个座位的报告厅和办公用房。"点"由竖向木柱支撑，木柱之间以板状穿坊相连，略微倾斜，交接采用精致的钢和榫卯，是对椰子果纤维技术的隐喻。

---

① 陈飞. 生态意义的理解与表达——从吉巴欧文化艺术中心看待生态建筑的创作［J］. 建筑师，2005，12：78-82.

图 3-8 特吉巴欧文化中心总体布局

图片来源：（英）维基·理查森. 新乡土建筑［M］. 吴晓，于雷译. 北京：中国建筑工业出版社，2004：133.

图 3-9 各种形式的原始棚屋

图片来源：付瑶，管飞吉. 传统与现代的完美结合——特吉巴欧文化中心浅析［J］.

沈阳建筑大学学报（社会科学版），2008，10（1）：15.

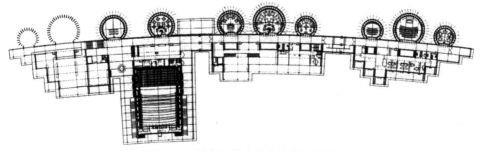

图 3-10 特吉巴欧文化中心平面组织

图片来源：大师系列丛书编辑部. 伦佐·皮亚诺的作品与思想［M］. 北京：中国电力出版社，2006：80.

4. 材料与技术

关于采取何种技术手段，伦佐·皮亚诺的设计理念是从自然条件入手，对自然要素采取适应与利用而非抵抗的态度。他以当地常年不变的信风和日照条件为建筑设计的重要线索，设计中引入了一个"容器"的概念，即上文提到的"点"状"棚屋"，这是一个新颖而又极具原创性的结构体系，同时也是引导风流的节能体系。"容器"的概念更多考虑的是一种对于壮观的场景的直觉和对当地居民的友好的原初反应，而不是理性分析。但是该概念在等比例模型的风洞试验中并未达到预期效果，跟随风洞试验，对"容器"进行不断调整，最终形成了一个外在形式与内部功能并重的建筑形象。整个建筑看起来壮观又不失亲切，与当地传统棚屋的形态及布局近似，受到当地人的欢迎。

（1）材料

建造"容器"使用的材料[①]包括天然木材、薄木片、混凝土、珊瑚、铸钢、玻璃板、树皮和铝材。在当地原始棚屋的材料与结构中，皮亚诺发现，一种带有棱纹的薄曲线木材被用来搭建棚屋，并且在屋顶部分被集合在一起用以支撑棚屋的结构。对此，皮亚诺进行重新诠释。他将不锈钢的水平管子和有斜纹对角线的木杆结合起来。当地棚屋结构的主要肋架被编织牢固的棕榈树苗承担，在新设计中皮亚诺运用胶合层板和镀锌钢材置换棕榈树苗，形成微弧形桶状肋骨；横向联系构件的联系方式源自棕榈树扇状分布的叶脉的启示，以水平方式锚固在肋骨之间，取代民间的编织或绑扎技术。

（2）双层外围护结构

皮亚诺将文化中心点状"容器"外围护结构设计成双层表皮（如图 3-11，图 3-12，图 3-13），其理念主要源自当地原始棚屋外围护结构的构成形式。坎纳克人的棚屋"木肋表面覆盖着树皮编织物，外层覆盖着多层树叶，主要起到有效通风、抵御飓风、遮阳等作用。"[②] 皮亚诺以现代建筑材料，遵循原始棚屋的构成形式，将"容器"设计成由外层的弯曲木肋和内侧的垂直木肋共同围护的结构形式。内侧由钢、木肋、玻璃百叶窗组成，木肋从地面垂直生起直至高于屋面，作为承重结构，不仅承担屋顶的荷载，而且支撑他们之间的窄板。为了减小南太平洋飓风的影响，外侧木肋的弯曲程度在底部要比顶部大得多，在木肋上也同样布置了水平窄板。

图 3-11　双层表皮围护结构立面图

图片来源：大师系列丛书编辑部. 伦佐·皮亚诺的作品与思想［M］. 北京：中国电力出版社，2006：82.

图 3-12　双层表皮围护结构平面图

图片来源：大师系列丛书编辑部. 伦佐·皮亚诺的作品与思想［M］. 北京：中国电力出版社，2006：82.

---

① （英）维基·理查森. 新乡土建筑［M］. 吴晓，于雷译. 北京：中国建筑工业出版社，2004：136.

② 付瑶，管飞吉. 传统与现代的完美结合——特吉巴欧文化中心浅析［J］. 沈阳建筑大学学报（社会科学版），2008，10（1）：14-18.

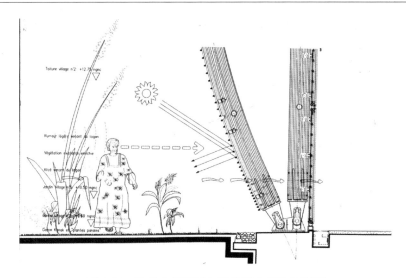

图 3-13 肋骨支架底部与房间围合墙体的剖面

图片来源：大师系列丛书编辑部. 伦佐·皮亚诺的作品与思想 [M]. 北京：中国电力出版社，2006：86.

（3）被动式通风系统

为适应当地气候条件，建筑的表皮在"容器"的共同作用下，形成了可以引导气流的综合系统，弯曲的表皮和垂直的表皮之间，形成被动式通风系统，是海风与室内空气之间的过渡空间，在建筑内部形成穿堂风，从而在当地炎热的气候条件下营造出舒适宜人的室内环境。建筑主体面向信风方向，以产生对流的作用，进而为文化中心提供良好的自然通风。每个容器由双层表皮、倾斜的屋顶及由走廊串接的庭院形成有机单元体。建筑中几乎所有的部件都在"容器"中担负着不同的功能。例如，容器表面上安装的百叶窗，就担负着调节通风与室温的作用。容器内表面上方安装固定式百叶窗，下方安装可调节式百叶窗，而容器与走廊之间的隔墙上安装可调节式百叶窗。百叶窗由机械自动控制，通过感应器的作用可以随时变动以应对各种天气变化。在遇到不同风力作用时，不同位置的百叶窗各司其职，自动开合，共同作用以调节通风和室温（如图 3-14）。再如，棚屋外面的木条板，表面看来以为仅是装饰构件，其实在整个通风体系中担负着拔风的作用。又如，由双

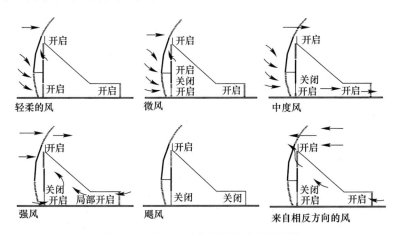

图 3-14 通过百叶窗调节室内通风系统

图片来源：刘松茯，陈苏柳. 普利茨克建筑奖获奖建筑师系列：伦佐皮亚诺 [M]. 北京：中国建筑工业出版社，2007.

层铝复合板覆盖的屋顶，两层之间的间隙为空气流动提供可能。气流通过这些构件，穿过棚屋，经过步行区及其天井，最后从屋顶排放出去，进而在建筑内形成了一套完整的通风体系。

5. 皮亚诺对地域的认知与阐释

在特吉巴欧文化中心设计中，皮亚诺最大的目标就是实现"记忆与忘却之间的平衡"，这一目标在文化中心建成后实现并得到验证。一群坎纳克人在经过"坎纳克之路"来到高耸的"容器"面前时，坎纳克人一番土语讨论后，一位长者的话代表了大家的心声："它已经不再是我们的了，但它仍然是我们的。"难能可贵的是，在当今建筑技术材料的基础上，能够引起当代坎纳克人对过去的记忆和忘却，是皮亚诺运用现代背景理解地方文化最好的表征，具体而言就是在满足功能需求的基础上，运用场所精神与自然环境共鸣、与历史文化呼应，以现代技术手段甚至是所谓的"高技术"手段，实现建筑在地点性与全球性之间的平衡。特吉巴欧文化中心的设计充分反映了"皮亚诺对场地特征、位置、气候、材料与工艺的潜力、过去与未来的结合等方面的全面理解。"[①]

（1）建筑形式与场所精神

皮亚诺在所写的关于技术与场所的共生和相互作用的文章中阐述了如下要点："基本场地环境本身构建了场所，它一如既往地被镌刻在其位置上，如同浅浮雕一般。这个部分通常很宏大，不透明，而且很沉重。然后，你制作一个轻巧的、透明的甚至是临时性的建筑作品端坐其上。在这样的组合中，沉重的部分是永久性的，轻巧的部分是临时性的。我坚信完全有可能在两个方面之间、在场所与建筑之间、甚至在场所与建筑肌理之间建立一种呼应。他们属于完全不同的两个世界，但是他们理所应当地可以共生。"[②] 从皮亚诺的观点中不难看出，场地环境是沉重的、永久的、不可改变的；建筑作品是轻巧的、临时性的；两者之间虽对比鲜明，但却可相融共生。这种共生可以通过建筑形式对场所精神的引领与重申达到和谐一致。

（2）现代"高"技术与地域文化

从前文对特吉巴欧文化中心设计的描述中，不难看出，对待坎纳克民族传统居住文化，皮亚诺没有矫揉造作地模仿民俗，而是采用"转译"的手法，通过深层次理解传统文化的特质，发掘代表民族情结的建筑形式，运用玻璃、木材、铝板、铸钢等现代材料，将空间设计与技术设计如双层表皮、被动式通风系统相结合，在当代技术条件下建造地域特色鲜明的现代建筑。尽管皮亚诺常被人冠以"高技派"的称号，但特吉巴欧文化中心的设计让人们看到了他是如何"批判地"对待技术与地域的。

（3）对声、光、热环境的重视

伦佐·皮亚诺重视建筑空间带给人的听觉、触觉、视觉感受，试图在人工环境中制造和需求自然环境的美感，运用技术将声音、空气、光线等空间中的无形元素引入到建筑设计当中。空气在两层表皮之间循环造成的声响类似于海风在树林中汇聚、海风拂掠海浪、海浪拍击礁石时发出的特别声音，是坎纳克人记忆中熟悉的声音。阳光透过双层屋顶铝板

---

① 肯尼斯·弗兰姆普顿. 20 世纪世界建筑精品集锦（1900-1999）第十卷［M］. 张钦楠译. 北京：中国建筑工业出版社，1999.

② 转引自肯尼斯·弗兰姆普顿. 千年七题：一个不适时的宣言——国际建协第 20 届大会主旨报告［J］. 建筑学报，1999，8：11-15.

间的缝隙照射进室内，除了揭示"棚屋"的容量外，还造成了树影斑驳的室外之感，使建筑与周围环境融为一体。除了被动式通风系统对室温的调节外，屋顶双层铝板之间的空气层减缓室内温度上升的时间，有助于控制室内热环境。

（4）异文化背景的介入

对于伦佐·皮亚诺而言，特吉巴欧文化中心的建造是在陌生的地点、文化背景下的设计，首先面临是对"异文化"背景的熟悉化过程。对于当地坎纳克人而言，皮亚诺不熟悉当地的传统文化。正是这两种陌生造就了他在设计前期与文化人类学家阿尔班·本萨就坎纳克文化精髓进行的深入探讨和对其民族生活的仔细考察。之所以选取"棚屋"为建筑群落的单元母题，是因为通过观察到在棚屋旁经常举行的盛大祭祀活动后，皮亚诺认定"棚屋"是最能代表其民族的建筑形式。在对地方文化背景充分认知和体验的基础上，正是这种异文化背景的介入，带来了具有普遍意义的价值观、方法论和技术手段，从而使地域建筑能够迈向现代化和全球化。正如吴良镛先生所谓的"现代建筑地区化，乡土建筑现代化，殊途同归。"①

3.3.2　实例二：陕北黄土高原新型窑居建筑

1. 黄土高原与传统窑居建筑

黄土高原处于我国中部偏北的黄河中游及海河上游地区，其地理范围大致是"北起阴山，南至秦岭，西抵日月山，东到太行山，包括青海、甘肃、宁夏、内蒙古、陕西、山西、河南等七省区的 287 个县（旗、市），东西长约 800km，南北宽约 750km。总面积 64万 km²。"② 黄土高原位于我国宏观地貌地势第二级阶梯上，境内几乎全部被黄土覆盖，是我国黄土分布最典型的地区。其中陇中、陇东、宁南、陕北、晋西是黄土堆积的核心地区。"黄土堆积厚度一般为 100～200m，最大厚度可达 300m 左右。"③ 黄土高原地势复杂，从西北向东南呈现由高至低波状下降趋势。地貌类型（如图 3-15～图 3-16）多样，塬、梁、峁、土柱、陷穴、黄土桥等地貌特征突出。气候特征表现为冬季寒冷干燥、夏季温暖湿润，冷热季节明显，日照充分，热量条件比较优越，降水分布极为不均，干旱问题严重。作为中华民族的摇篮和华夏文明的发源地之一，黄土高原在历史上曾经是林草茂盛、环境优美、经济繁荣的区域。然而基于历史上的战乱、垦荒、乱砍滥伐以及人口的急剧增长，违背自然规律的开发利用等因素，致使黄土高原成为目前我国生态退化最严重的区域之一。"全区水土流失面积 45.43 多万 km²，其中土壤侵蚀模数大于 5000dt/km² 的严重水土流失地区的面积达 19.6 万 km²。"④ 连年的水土流失、人口增加、历史上战争破坏等使黄土高原生态系统处于崩溃的边缘。

如此特殊的地理位置、地形、地貌、气候条件，造就了当地人以土为生的生活习惯。因此，窑洞民居（Cave Dwelling）成为我国黄土高原地区一种独有的传统乡土居住建筑。它通常包括"土窑"和"石（砖）窑"两种类型。土窑（如图 3-17），是指在土崖旁边或在下沉式院落侧壁挖掘而成的拱形洞口，经简易装饰而成的居所。石窑或砖窑

①　吴良镛. 国际建协《北京宪章》——建筑学的未来［M］. 北京：清华大学出版社，2002.

②　李素清. 黄土高原生态恢复与区域可持续发展研究［D］. 太原：山西大学，2003：2.

③　周若祁等. 绿色建筑体系与黄土高原基本聚居模式［M］. 北京：中国建筑工业出版社，2007：150.

④　魏秦. 黄土高原人居环境营建体系的理论与实践研究［D］. 杭州：浙江大学，2008：136.

（如图3-18），是指用砖或石材砌筑而起的拱形构筑物，其又可分为沿山坡而建的靠山式窑洞（如图3-19）和独立式窑洞（如图3-20）两种。据调查统计，在陕北乡村居住建筑中约90％为传统窑居建筑，老百姓最喜爱的是砖或石材箍起的靠山窑，约占总数的70％以上。

图3-15　陕北黄土高原典型的地貌特征1　图3-16　陕北黄土高原典型的地貌特征2

图3-17　土窑　　　　　　　　　　图3-18　砖窑

图3-19　靠山式石窑　　　　　　　图3-20　独立式窑洞

之所以能够被当地人接受、喜爱并长期所用，是因为传统窑居建筑中蕴涵着丰富的生态建筑经验：（1）建筑室内冬暖夏凉，节约采暖空调能源；（2）就地取材、施工简便、节约土地；（3）节省经济且符合当地人生活习惯；（4）窑顶自然绿化且污染物排放量小，利于保护自然生态环境等。这些是我国地区建筑优秀的传统文化的核心部分。尽管如此，传统窑居建筑仍然存在一定的空间环境缺陷：（1）空间形态单一、功能简单；（2）保温性能失衡（正立面很差）；（3）自然通风与自然采光不良；（4）室内空气质量较差等。随着黄土高原地区城镇化进程的加快，人们对居住环境条件的需求日益提高。为避免传统窑居建筑上述缺陷，该地区出现少部分先富起来的青年人"弃窑建房"的现象（如图3-21，图3-22）。新修建的简易砖混房屋形体简单、施工粗糙、品质低下、能耗极高，即便暂时满足人们对建筑空间环境的多种生理和心理需求，但存在能耗大、物质资源消耗多、污染物排放量大等缺点。如此建设，造成的结果是建筑能源资源消耗成倍增长，生活污染物和废弃物的排放量急剧增大，城乡人居环境、自然生态环境质量每况愈下。

图 3-21　榆林清涧地区出现的砖混建筑　　图 3-22　延安枣园村出现的砖混建筑

针对传统窑居建筑上述优势与缺陷，西安建筑科技大学绿色建筑研究中心联合日本大学理工学部开展了科学研究工作，并选取位于陕北延安枣园村为示范点进行窑居建筑设计与建设实践。

2. 陕北延安枣园村新型窑居建筑设计与建设

延安市位于陕西省北部，北纬 $36°11'\sim37°02'$，东经 $109°14'\sim110°50'$，南北长996km，东西宽 $40\sim50$km，总面积3556km^2。枣园村位于延安市区西北7km处的西北川，地处一连山和二连山的山坡上，坐北朝南，北面为高山，山脚下南面是西川河及川地。枣园村山地、坡地上植被稀少，水土流失严重，具有典型陕北黄土高原地形地貌特征。交通较为便利，延安至定边公路从村南通过。枣园村南为延园，是中共中央书记处1943年至1947年的所在地，面积约80多亩，这决定了枣园村的与众不同。枣园村在1997年共有160户，632口人，村民住房为窑居，且分布在山坡地上，占地 4.5km^2。

枣园村绝大部分住户居住在砖石窑洞之中，其布局为自然形成，土地浪费较严重，生活用水来源于山中泉水的贮蓄和川地中的井水，水资源匮乏。村落排水无组织，生产、生活垃圾乱倒，村容村貌不整，卫生条件差，居住环境低下，整体建设水平较低。

新型窑居设计从以下几方面展开，原理如图3-23所示：

（1）建筑空间与形态设计

窑居房间平面布局上（如图3-24），缩小南北向轴线尺寸，增加东西向轴线尺寸。房间平面布置按使用性质进行划分，厨房、卫生间和卧室分开。错层窑居（如图3-25，图3-26）、多层窑居。窑居建筑与阳光间的结合体系形成新的窑居空间形态，通过不同生活组团的布局，形成丰富的群体窑居外部空间形态。

（2）立面设计

尽管将原有窑洞提高到二层，仍然完整保留传统窑洞的拱形立面这一窑居建筑最具典型地域特征的元素，同时在南向立面增设阳光间（如图3-27）。

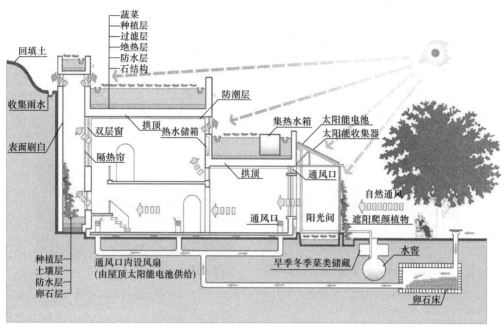

图 3-23 新型窑居建筑设计原理示意

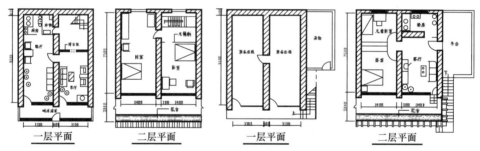

一层平面　　二层平面　　一层平面　　二层平面

图 3-24 枣园村新型窑居室内空间布局

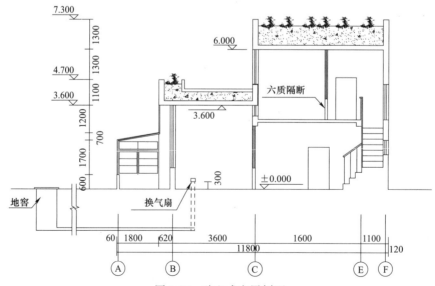

图 3-25 独立式窑居剖面

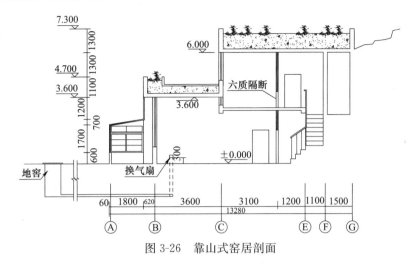

图 3-26　靠山式窑居剖面

（3）采光设计

新型窑居建筑将原来的一层提高到两层，以利室内自然光的增加。增大南向开窗面积，利于窑洞的后部采光。多路采光设计保证了室内表面亮度均匀，特别是改善了传统窑洞底部阴暗潮湿的弊病。

（4）太阳能利用设计

增大南向开窗面积，以利尽可能多地获得太阳能得热。鉴于当地太阳能丰富的状况，利用被动式[①]太阳能采暖。在新窑洞的正立面设置阳光间（如图 3-28），使原来的室外门窗不再直接对室外开放，而是面对阳光间这种过渡空间，目的在于大量收集太阳能，提高冬季室内温度，改善室内热环境。夏季，南窗设遮阳板，或综合绿化，种植藤蔓植物。除此外，还采取主动式[②]采暖措施，如太阳能集热器等。主动式与被动式太阳能采暖设施保证了冬季室内热环境的舒适性。

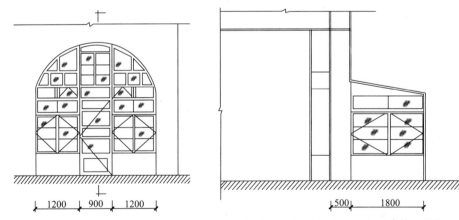

图 3-27　增设阳光间的窑居建筑正立面　　　图 3-28　增设阳光间的窑居建筑局部剖面

① 被动式设计（Passive Design）：通过建筑朝向和周围环境的合理布置，内部空间和外部形体的巧妙处理，以及结构构造和建筑材料的恰当选择，使建筑物以完全自然的方式在冬季集取、保持、贮存、分布太阳能，从而解决冬季采暖问题；夏季遮蔽太阳辐射，散逸室内热量，从而使建筑物降温。

② 主动式设计（Active Design）：需要机械动力驱动，才能达到采暖和制冷的目的，主要由集热器、管道、储热装置、循环泵及散热器组成。

（5）通风设计

室内通风采用自然通风或通风竖井。自然通风（如图 3-29）简单方便，主要以风压通风[①]、热压通风[②]及热压风压混合三种方式。因为北面开窗，必然以损失窑洞的热环境为

图 3-29　自然通风示意

代价，但同时能够改善室内后部的光照环境。应用北面开窗形式时，尽可能缩小窗户面积，采用双层窗增加保温性能。错层后的天窗与窑底通风竖井（如图 3-23），保证了良好的室内空气质量。厚重型被覆结构与地沟构造措施使气流循环形成自然空调系统。

（6）防潮设计

采取建筑构造措施，利用地沟通风空调系统解决建筑后部通风、防潮问题。有序通风气流组织保持夏季室内均匀的温度场分布，防止了壁面与地面泛潮。

（7）结构、构造与材料

采取砖石拱结构建造独立窑居，因其自重大、抗震性能欠缺，适当增加圈梁、拉筋以提高整体性，增加抗震性能。以黄土、石材、砖材为主要建筑材料。窗户改用双层窗或单层窗夜间加保温，同时增加门窗的密闭性能，提高了门窗入口处的保温性能。加强乡村土炕的科技含量，提高热效率。

（8）建造技术

黄土高原地区传统窑居建筑的建造技术俗称"箍窑"（如图 3-30，图 3-31）。人们在长期的建造过程中，总结了一套箍窑的经验与原则。窑居起拱曲线大致以双心圆拱、半圆拱、割圆拱、平头拱、抛物线拱和落地抛物线拱[③]等为主要形式。半圆拱的曲线易于成形，施工方便，其侧壁较低，应用较为广泛，因此在枣园新建窑居中采用。其他起拱曲线因其所需条件在自然地质、施工难易方面要求各不相同，因此这里暂无采用。

图 3-30　箍窑技术

图 3-31　现场箍窑

枣园村新型窑居建设从 1998 年至 2001 年共计建成 85 户。第一批 24 户窑居于 1998 年秋季开始施工建设，1999 年春季完工。后于 2000 年、2001 年又分别建设 14 户和 47

---

①　风压通风：在建筑迎风面与背风面都设开口，迎风面上的压力为正压区，背风面、屋顶与两侧为负压区，气流由正压流向负压形成"穿堂风"。

②　热压通风：由温度差造成的气流运动现象，又称"烟囱效应"。

③　童丽萍，张晓萍. 生土窑居的存在价值探讨［J］. 建筑科学，2007，23（12）：7-9.

户，如图 3-32 为建设实景。

图 3-32 枣园村新型窑居建成远景

3. 窑居建筑地域性的批判式继承

（1）对传统窑居的批判继承

新型窑居建筑在具备传统窑居地域精神特质的基础上适应现代生活需求。在传统窑居建筑建造经验的基础上对建筑空间与形态、采光、通风、防潮、结构与构造进行措施改进，保留了建筑室内冬暖夏凉的特性，沿袭了就地取材、施工简便、节约土地、节约能源的优点。在保证能源消耗不流失的前提下为当地百姓提供了适合于现代生产生活方式的居住空间。同时，又保留典型的传统生活方式，如在新建起居空间正中仍然砌筑火炕。火炕连灶的形式，利用做饭余热将加热的空气在火炕烟道中转换成辐射热量，有效地节省了采暖能耗。除此外，新窑居设计与建设过程邀请当地村民参与，主人翁精神的加入，增加了当地人对新建建筑的认同感与归属感。同时，节省了建造过程的经济付出。尽管继承了传统窑居建筑平面与立面形式，以增加地域识别性，但是在结构、构造等方面进行了改进，并没有完全沿用传统窑居建筑结构与构造做法，对砖石窑居结构进行加固措施，以改进抗震性能；提高了门窗密闭性与保暖性，以改进室内热环境。保留了传统窑居窑顶自然绿化的做法，利于窑居建筑微系统循环，也利于保护自然生态环境。因此，新型窑居建筑可谓是继承了陕北黄土高原地区优秀的地方传统居住方式、习惯和生态建筑经验的基础上具备节约土地与能源、高效利用资源、保护自然生态环境的特点，是对传统窑居的批判继承。

（2）对当地自然环境的适应与借用

新型窑居建造中沿用了传统靠山式窑洞切入山体、独立式窑洞尊重地形的特点，巧妙地容身于大地之中。通过开窗形式与大小，使外界光线能够更多的渗入建筑，以真实反映和凸显窑居建筑的内部容量。黄土高原地区气候具备多变、干旱、温差较大、降水量少等特点，新窑居沿用厚重型被覆结构，隔绝冬季寒冷、夏季炎热，具冬暖夏凉的特性。此外，鉴于该地区日照丰富，仅次于西藏和西北部分地区，因此利用太阳能资源作为取暖、烧水、做饭、洗澡的生活用能源。从设计伊始就注重对地形的尊重与合理利用，对光线的恰当引入，对气候的因循利导，使得窑居建筑人工环境与自然环境完美结合，印证了弗兰姆普顿对场地相关特殊因素的强调。

（3）对当地人居住感受的重视

人对建筑室内环境最直接的感受就是触觉，鉴于传统窑居建筑在采光、室内热环境差、通风不畅等方面的缺陷，采取相应措施改进。如增大南向开窗面积与增加北向开窗使阳光更深入的渗透至建筑内部，增加室内自然光照度；采取直接式受益窗、阳光间、集热墙并在窑顶安装太阳能集热器以获取更多热量，增加冬季室内温度。采取自然通风、竖井通风措施，利用地沟通风空调系统解决建筑后部通风、防潮问题，改善室内空气质量。这些建筑技术措施的设计与改进充分体现了对新型窑居建筑中居住者触觉感受的重视，也契合并印证了弗兰姆普顿对批判性地域主义建筑特征中关于对人在建筑中触觉的阐述。

3.4　批判性地域主义理论的局限

关于批判地看待建筑的地域化与全球化问题，上文就几位理论先驱的论述已做深入剖析，同时选取了东、西方两个地域建筑的典型实例阐述并验证批判性地域主义理论的正确性与先进性。但是，从深入挖掘和对比分析中，笔者发现尽管批判性地域主义在理念上具有一定的先进性，但在现代技术应用、实践方法、文化对立以及适用范围等方面上还存在一定的局限性。

3.4.1　现代技术的应用威胁生态环境

批判性地域主义对建筑采取地方价值的认同，对全球化与现代化采取开放包容、兼容并蓄的态度。从上文的分析中不难看出，几位理论家们都是现代建筑的支持者，维护着现代建筑的技术成就与理性精神，建议选取现代技术中的先进部分应用于地域建筑创作与建设。

现代建筑创作中大量采用工业化技术与材料，大跨度、高层等结构技术解决了人们对建筑复杂功能的需求；现代工业材料，如水泥、玻璃、钢材等的运用改变了传统木材、石材的建筑质感与体量。由于工业化技术与材料的应用，改变了人们的生存与居住环境状况，出现了室内环境过冷过热现象，尤以大量采用玻璃幕墙的公共建筑为典型代表，因此出现以现代设备技术手段解决室内环境的问题以满足人对环境舒适度的要求。但大量的无限制的设备技术的应用，必然带来废水、废气等污染物的大量排放，破坏生态环境。

批判性地域主义赞成选用先进的现代建筑技术，但是并未考虑由现代技术应用带来的环境污染与破坏问题，并且没有提出在建筑创作中如何解决由于应用现代技术而带来的建筑能耗增加、污染环境等问题。

3.4.2　缺失系统的实践方法

芒福德的地域主义建筑观中更多的是表明一种对待建筑的态度，如对待地方材料和传统形式要采取甄别的眼光，对待历史文化要采取理解和创造的态度等。但是至于采取什么具体方法能够设计出符合批判意义上的地域建筑，芒福德并未提出。例如，虽然他认为实现生态并不排斥先进技术手段的作用，甚至认为可以采取先进技术实现生态理念，但是针对具体情况到底选取什么材料与技术，却没有明确给出。因此，芒福德的地域主义倾向于表达立场与观点，而非方法与策略。或许我们不该过分苛求这位学者对创作方法的提出，能够采取"批判的"态度审视全球与地域的关系就具备着时代进步意义。

尽管楚尼斯提出"陌生化"策略，我国学者单军深入研究该法，但是基于此策略下的关于地域建筑的具体创作方法、实践步骤却没有明确提出。因此，更谈不上方法的系统与完善。

弗兰姆普顿对地域建筑的几点归纳可以认为是判定批判性地域主义特征的几点要素，也可认为是从实践策略角度论述的建筑设计中的某些元素或方面，即便如此，这些策略更倾向于表达弗氏对某些建筑元素在建筑设计中的作用的认识，对于如何处理和解决却没有给出明确的答复。诸如对地形、光线、气候等要素的处理在弗氏看来是彰显建筑地域性的方面之一，但是采取何种有效方式能够更好地呼应特定场址在其论述中没有明确表达。除此外，弗氏论述的地域建筑诸要素之间似乎缺乏内在的关联与逻辑。尽管笔者认为前文论述的两则实例是批判性地域主义建筑的典型代表，但是，大都从建筑语汇的运用和形成的效果方面评述，并未分析出遵循的逻辑关系或采取的设计方法。从这个意义上说，弗氏的地域主义建筑也还未形成真正意义上的系统的设计方法。

总而言之，地域主义的倡导者们都采取了调和的姿态，在论述中更偏重于表达调和的愿望以及论证采取此种做法的合理性，几乎都没有涉及使其得以实现的具体方法和有效途径。

3.4.3 加剧"中心-边缘"的文化对立

长期以来存在的建筑全球化与地域化冲突问题、保护文化多样性问题，实际是对大同文化、单一文化的宣战与抵抗。单一文化必然形成以一种文化为中心，其他文化为附属，环绕中心的格局。因此也就造成了"边缘"对"中心"的抵抗问题。"中心"多是指西方发达国家和地区，"边缘"则正好相反。

弗兰姆普顿在谈到批判的地域主义出现的地点时用了"边缘的节点"一词，形成了类似于"中心—边缘"的二元对立关系。作为发达国家的文化学者，弗兰姆普顿站在"中心"的位置寻求和指明了一条反对"中心"的出路。这一做法类似于塞缪尔·亨廷顿[①]在《文明的冲突与世界秩序的重建》（The Clash of Civilization and The Remarking of world Order）一书中，讨论关于发展中地区在发展现代化过程中对待西方化的问题。[②] 作者站在西方的角度，试图寻找一条在到达技术现代化目标过程中反对西方化的道路。书中，作者认为对待现代化与西方化存在三种截然不同的态度，因此会导致沿着 A、AB 或 AC 三种线形发展（如图 3-33），但事实是社会发展可能显示出从 A 点到 D 点或从 A 点到 E 点的曲线，并不如作者先前分析和预想的结果。因此，站在"中心"位置的弗兰姆普顿在帮助"边缘"地区寻找出路的时候，是否考虑过这条出路是否真的适合"边缘"地区？

芒福德在地域主义理论中关于"地域"和"本土"的讨论中，其实仍有"中心"和"边缘"之分。由于他的理论是建构在美国本土文化之上，因此他所谓的"地域"和"本土"的概念主要是对"中心"的考虑，而忽视了"边

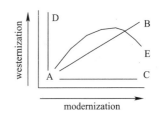

图 3-33 对待西方影响
的不同回应

图片来源：[美] Samuel P. Huntington.
The Clash of Civilization and The
Remarking of world Order [M]. New
York：Simon & Schuster Inc，1998：78.

---

① 塞缪尔·亨廷顿（Samuel P. Huntington）：哈佛大学阿尔伯特·魏斯赫德三世（Albert J·Weatherhead Ⅲ）学院教授，哈佛国际和地区问题研究所所长，约翰·奥林战略研究所主任。

② [美] Samuel P. Huntington. The Clash of Civilization and The Remarking of world Order [M]. New York：Simon & Schuster Inc，1998：72-80. 书中，亨廷顿认为对于非西方社会对待现代化和西方化的关系，存在完全拒绝现代化和西方化（拒绝主义）、完全接受现代化和西方化（基马尔主义）、接受现代化拒绝西方化（改良主义）三种典型倾向。这样会导致如图 3-33 所示的几种发展路线。完全拒绝停留在 A 点，完全接受到达 B 点，接受现代化拒绝西方化移向 C 点。然而实际上社会可能完全没有沿着这三条原型路线。其中可能的一条是从 A 点到 E 点的曲线。它表示起初西方化和现代化密切相连，非西方社会吸收了西方文化相当多的因素，并在走向现代化中取得了缓慢进展；当现代化进程加快时，西方化比率下降，本土文化获得了复兴。

"缘"地区。而当前国际化的交流多是建立在不平等的政治和经济基础之上。于是,整个体系运行是以牺牲边缘为代价而有利于中心。当"本土"与"世界"发生冲突时,"边缘"往往处于一种劣势,甚至面临异化的危机。

3.4.4　适用范围的局限

在地区性的相关问题上,发达国家与发展中国家具有相对不同的特征。因此,尽管西方"批判性地域主义"理论对于发展中国家和地区而言具有前瞻性的指导意义,但是作为我国建筑界而言,在了解发达国家和地区先进的理论和方法,并对其借鉴的同时,更要看到地区差异的存在。

尽管楚尼斯关于地域建筑研究的实践涉足亚洲地区及其建筑师,在《批判性地域主义——全球化世界中的建筑及其特性》一书中更是涉猎了中国当代部分建筑师的作品,但是楚、弗、芒三位先驱对地域主义理论研究的共同点是都基于西方欧美国家建筑理论的发展状况,实践研究也多为西方建筑。尤其是芒福德关于地域的概念仅仅是围绕着美国展开的讨论。因此,对于处于发展中的我国,尤其是西部地区的特殊性而言,还在适用范围上存在局限,笔者认为主要集中于以下两个问题:

1. 经济与技术问题

对于发达国家或地区而言,建筑设计更多考虑的是功能、造型、技术问题,很少论及经济的节约问题,如从现代主义对空间-功能的重视,到后现代主义的符号拼贴,从解构主义的内部逻辑关系的重组,到高技派对科学技术的彰显等等,所有这些无不体现着对建筑经济性的忽视。当然,地域建筑的设计也不例外。芒福德就在功能合理情况下以一种高度赞赏的态度支持先进技术,这必然带来经济支出的增加;皮亚诺在法国政府斥资两亿法郎的前提下以先进技术与材料建造了属于当地的"棚屋"。然而,对于我国西部地区而言,大都处于偏远地区,与东部、中部相比,经济落后,人民生活贫困。因此,经济的节约问题就成为在西部地区建筑设计不得不考虑的因素之一。我们不可能在忽视经济条件的前提下设计和建造属于当地的建筑。而在楚、弗、芒三人对批判性地域主义理论的论述中均未曾提及建筑设计中的经济地位问题。至于采取何种(高、中、低)技术手段建造的问题是随经济问题应运而生的。西方理论家们对高技术的包容态度并不代表我们也一定适用。相反,我们应该在经济许可范围内选择、改进适合自己的技术手段。

2. 生态与可持续发展的道路与策略问题

芒福德是花园城市运动的支持者,在其《技术与文明》一书曾声称生态技术地域主义的目标之一就是恢复人与自然的和谐。说明他很早就意识到生态与可持续发展思路是社会发展的必然。但是他主张的不排斥先进技术的生态观念,尽管体现了开放包容的姿态,但是对发展中国家和地区而言却不适用。毕竟他的生态观念是在发达国家经济技术基础上提出的。发达国家是经历了先使用后治理的道路,直到20世纪80年代才逐渐意识到环境对人类发展的重要意义。对于正在融入全球化并且正在城市化的发展中我国西部地区而言,要在加速生产、参与全球化的同时,保持文化多样性、保护生态环境,必然遵循和采取与发达国家不同的道路和策略。

因此,从上述两个关键问题的论述中,不难看出对于我国西部地区,西方批判性地域主义理论在适用范围上确实存在一定的局限性,在运用过程中值得"批判地"继承。

第4章 西部地域建筑基本属性及其更新策略

由于地域建筑在功能—空间、室内环境、结构安全等方面的历史局限阻碍了其进一步发展；批判性地域主义提出了为发展地域文化而接纳全球化、现代化的先进理念，但却缺乏系统且具体的实践方法。因此，本章以我国西部地区为研究范围，以乡村建筑为例，探讨阻碍地域建筑发展的具体问题，并进行本质追问。针对地域建筑的本体局限，提出相应的解决对策。

4.1 地域建筑基本属性的研究缘起

4.1.1 地域建筑的本体缺陷

本节以我国西部地区乡村建筑面临的问题为例来说明地域建筑存在的本体缺陷。

1. 西部乡村地域建筑发展面临的问题

随着我国经济的飞速发展，西部城镇化进程逐步加快。西部城乡居民迫切需要改善生存与居住环境状况。随着农村经济的发展和农民对现代城市生活的追求，目前我国西部乡村住房在以传统民居建筑为主的基础上，出现了许多由钢筋混凝土建造、形式简单的现代居住建筑。据走访发现，这些简易砖混结构房屋多由住户和工匠自发模仿建造，虽然在形态上与现代城市砖混结构住宅很相似，但没有经过专业设计师的建筑设计、热工设计和结构计算。因此，必然带来很多问题。

（1）空间单调，室内环境差

西部地区传统民居大都存在功能简单、空间单调、形式单一的问题。这些问题在过去并不是问题，因为过去人们对建筑空间的要求简单，受建造材料、技术与经济水平的限制，因此，没有产生其他的要求。除此外，很多民居室内环境条件差，通风不畅、室内潮湿、光照不均等，这些大都缘于传统习俗与生活习惯。例如，鉴于防盗安全性考虑，很多乡村民居有后墙不开窗的习惯，这必然带来通风、采光的缺陷。城镇化过程中，乡村受城市影响颇多，上述空间和环境缺陷与村民所要求的现代生产生活方式之间存在较深的矛盾，例如，卫生、洗浴空间的缺失。尽管出现了砖混结构住宅，但这些建筑仅仅是在外形上类似于城镇住宅，在空间设计上依然遵照传统格局，无法解决相关的技术问题，因此未能满足人们的空间、环境需求。

（2）抗震防灾能力弱

近些年，世界上自然灾害频发，我国各地区也遭受了洪涝、泥石流、地震等大型甚至特大型自然灾害。尤以 2008 年 5.12 四川汶川地震和 2010 年 4.14 青海玉树地震为典型代表。由于西南地区和西北地区正好处于我国最主要的两大地震带，这两起大型地震都发生在西部地区，带来重大的人员、经济损失。因此，提高抗震防灾能力成为西部乡村建筑必然面临的问题之一。西部地区传统民居的建造一般以生土、木材为主要材料，辅以石材。由于年久失修，抗震性能差，防洪涝能力弱。20 世纪八九十年代出现以砖木、砖混结构代替原有结构形式的现象。但这些结构形式普遍不具备砖混结构的抗震构造概念，未经过专业结构工程师的计算，因此存在缺少相应的结构措施、墙体承载力弱、房屋整体性低等问题。

（3）能耗高，污染物排放多

传统民居普遍具备节能、节材、节地，适应气候，整体协调等生态经验，但由于其空间、环境等方面的缺陷，西部乡村新建建筑中出现了模仿现代砖混结构、采用自建方式的建筑模式。砖混结构使得在建造过程中对混凝土的使用量大量增加；专业热工知识的缺乏使得房屋的保温隔热能力差，采暖与空调能耗大量增加，CO_2 等污染物的排放量也成倍增长。因此，现代简易砖混房屋存在建造和运行能耗高、资源消耗多、室内热环境质量差、污染物排放量高等生态缺陷。

（4）地域特征的缺失

作为地域文化传承载体的传统民居受自然与文化因素影响，在建筑形态、结构构件、细部装饰等方面无不彰显各地特征。例如窑居建筑的覆土为生、碉房建筑的厚重坚实，高台建筑的高窄内院，干栏建筑的轻巧通透，合院建筑的内向围合等（如图 4-1～图 4-5），这些形态特征无不顺应当地的气候条件，满足人们的生活习俗与审美要求。但是，现代乡村新建的砖混结构住房，以砖砌体、钢筋混凝土为主要材料，采取标准门窗构件，这些材料与构件是大规模机械化加工与生产的结果，忽视地形、地貌、气候等因素对建筑场所、形态、结构、构件等特殊因素的作用，形成统一的方盒子式形式。（如图 4-6）从这些方盒子式现代建筑中，人们很难辨认其出处，更无特色可言。

图 4-1　陕北窑洞　　　　　　　　　　　　　　图 4-2　西藏民居
图片来源：侯继尧，王军. 中国窑洞 [M].
　　　郑州：河南科学技术出版社，1999.

2. 地域建筑的本体缺陷

快速城镇化过程中，西部乡村建筑面临着生产生活方式的改变、环境舒适要求的提高、对自然灾害的抵抗、对地方特色的保护与传承等多项挑战。仔细分析发现，传统乡村建筑及其在现代城镇化发展过程中之所以面临这些挑战，除了西部地域自然、文化、经济等外界因素外，更主要是建筑本体性能的历史局限，表现在功能-空间、环境舒适、结构安全等方面。这些表现是建筑作为庇护所应当承担且不可推脱的职责。同时，原有地域建筑以被动姿态适应自然、批判性地域主义建筑推崇现代技术，它们在发展过程中都忽略了对节约能源、生态环保的考虑，因此，缓解生态压力成为建筑义不容辞的社会职责。

图 4-3　新疆喀什民居

图片来源：新疆建筑设计研究院，王小东创研室. 喀什老城区抗震改造和风貌保护研究项目. 2008：09.

图 4-4　西双版纳干栏民居

图片来源：林宪德. 绿色建筑：生态节能减废健康 ［M］. 北京：中国建筑工业出版社，2007：60.

图 4-5　北京四合院模型

图片来源：萧默. 世界建筑艺术 ［M］. 武汉：华中科技大学出版社，2009：147.

图 4-6　毫无地域特色的方盒子式现代建筑

图片来源：刘加平教授提供

无论是本体局限还是社会职责，都由建筑本身具备的属性决定，因此，解决既有地域建筑及其发展过程中的问题就应当深入探讨建筑的本质属性。

4.1.2 基于"批判"理念重新挖掘地区建筑的创作思路

批判性地域主义理念的核心是以外来的多元文化推动地区发展，即外界异质因素的介入能够提供与本土特征更丰富的交流，杂交的结果可能产生积极推动本地文化发展的正面影响。正是在此观念的推动下，才出现了接受全球文化、普世文明的批判性地域主义建筑理念。因此，该观点成为现代地域建筑创作的核心理念。

本书试图以对现代建筑所具备的普适属性的研究来丰富地区建筑创作的思路。

现代建筑以功能满足为起点和目标，以节约经济为原则，依赖科学技术发展推动建筑结构、材料、设备等的发明与应用。利用设备手段改善由创作阶段带来的室内环境缺陷。由此可见，功能、经济、结构、环境等成为现代建筑创作关注的普适性问题。

之所以以上述问题的研究切入地域建筑更新方法的研究，原因有二：

其一，在对地域建筑局限的研究中，笔者发现功能、环境、结构等阻碍地域建筑发展的因素都涉及建筑的普适原则，因此，有必要针对地区差异对其进行研究。

其二，针对每一地区不同的自然、人文、经济技术的具体环境，必然存在人们对建筑需求的巨大差异，以此差异作用于建筑的普适属性，则会形成地区建筑的千差万别。这才真正明辨了地区建筑的本质差异，以此创作的建筑也才能够称为真正意义上的地区建筑。

因此，本文将以建筑的普适属性来研究其在西部地区建筑中的内涵及其具体更新策略。

4.2　建筑基本属性及其历史范畴

基于上述缘由，有必要对建筑的本质属性进行历史追问与分析研究。

4.2.1　建筑属性

1. 属性

属性[1]，是事物本身固有的特征、特性，是事物质的表现，是一事物与他事物发生联系时表现出来的质。任何事物都有自己的属性，如金属具有导电导热的属性等。属性只有在事物相互联系、相互作用中方能表现出来。属性可分为本质属性与非本质属性，其中，本质属性表现事物本质的质，非本质属性表现事物非本质的质，在一定限度内不会引起事物质的变化。只有认识本质属性，才能认识事物的质。

2. 建筑属性

建筑属性，顾名思义就是建筑本身所具有的、必不可少的性质。建筑是实体艺术，不同于需要抽象思维的文学作品，因此具备直接观赏性；建筑为人提供活动空间，不同于以形式评判的雕塑、绘画等艺术作品，因此具备使用功能；建筑落成后留存时间较长，不同于短期展览，因此具备相当的社会影响力。凡此种种，都是建筑区别于其他事物的本质属性。根据属性的定义，只有在深刻认识建筑物本质属性的基础上，才能真正认识建筑的本质。

4.2.2　建筑属性的历史探讨

1. 维特鲁威（Vitruvii）的范畴

维特鲁威在他的《建筑十书》第一书的第三章中说道："建筑还应当造成能够保持坚固、实用、美观的原则。"[2] 我们可以将这三个特点认为是建筑的三个范畴。维特鲁威建筑第一个范畴坚固分为两部分，第一部分是关于结构的，其中有一些如我们今日所知道的结构计算问题，还有按照一般性的比例规则来确定各部分尺寸的问题；第二部分是关于材料的，有着某种类似的有关比率的关注——这是那些由个别元素混合一起以形成砖和灰泥，在这方面所依赖的是它们的耐久性。维特鲁威的第二个范畴——实用，主要是关于建筑物在使用中如何提供便利的，从一座住宅内的房间布置，到城市中建筑物的坐落排布。他讨论了公用房间与私人房间之间的关系，与阳光相关联的房间的朝向问题，以及不同阶层的市民，无论是贵族，还是商人、律师或农夫们的"特殊需求"。所有这些方面都是值得关

---

① 彭克宏. 社会科学大词典 [M]. 北京：中国国际广播出版社，1989：116.

② 维特鲁威著，高履泰译. 建筑十书 [M]. 北京：中国建筑工业出版社，1986：14.

注的。维特鲁威关于美观的范畴设定了三重意义："……当作品的外观是令人愉悦的，和作品有好的品味的时候，以及，当作品的各个部分之间是按照正确的均衡原则而形成恰当比例的时候。"

2. 阿尔伯蒂（Leon Battista Alberti）的原则

15世纪意大利文艺复兴时期，L·B·阿尔伯蒂在他的《建筑论》的十本书的第一书中，引入了维特鲁威的三个范畴。但是，他换掉了前两个术语的位置，表述为"实用、坚固、美观"，而不是最初的"坚固、实用、美观"。之所以要将"实用"放在第一位，其理由在他关于维特鲁威的解释中可能主要是归于对亚里士多德与经院哲学逻辑中的因果关系的强调。一座建筑物产生于它的"需求"，以遮护我们防止风雨的侵袭。建筑的第一特性是，它们应该能够"提供各种不同的用途"，它们的价值是由它们在使用中的"便利性"的程度所决定的。在实用的范畴下，阿尔伯蒂在经济性方面也有诉求，他认为经济性不仅是道德上的，而且是艺术原理上的。在功能与经济之间的一个联系被确定在一座建筑应该避免"过分地放纵"。应该达到某种平衡，"……要有起码的尊严要求，但不能比对便利性的要求更大"。不难看出，阿尔伯蒂的言论中已经涉及关于建筑便利性、经济性的基本性能，并且在他看来这两种性能是统筹在实用范畴之下的。阿尔伯蒂关于"坚固"的内涵有以下几点：结构的主题、材料的问题、结构技术、工匠的技艺以及技师的手艺等。其中根据持久性的思想，他引入了永恒的概念："坚实，牢固，持久的，就其稳定性而言，在某种意义上，是永恒的。"阿尔伯蒂认为的美观可以解释为愉悦，但这种愉悦不是艺术本身令人愉悦，而是它引导我们所"达到的对事物的知识是令人愉悦的"。

3. 亨利·沃顿（Henry Wotton）的条件

亨利·沃顿，英国驻威尼斯大使，曾著有《建筑学原理》（The Elements of Architecture）一书，在阿尔伯蒂和维特鲁威的基础上，在书中曾概括了所有好的建筑都必须遵守的三个条件，"像在所有其他实用艺术中一样，在建筑中，其目的必须是指向实用的。其目标是建造的好。好的建筑物有三个条件：适宜、坚固和愉悦。"沃顿所认为的"适宜"，是存在于由建筑物的一般配置所提供的便利，和由其服务与采暖系统所给予的舒适两个方面，一座住宅的一般布置应该符合于恰当的方位，每一部分的位置是由其用途所决定的。如同一个人的身体的各个部分一样，应该十分谨慎地将每一房间的各个尺寸都达到一种"优美而适用的分布"。沃顿所谈到的"坚固"，实质上主要是指结构的稳定性问题，即什么样的材料适合做承重构件，什么样的材料适合做装饰构件。至于"愉悦"，沃顿更多的是指隐含于建筑中的比例和谐问题，他说道："在那里各种材料，甚至普通的石头，也能够慷慨的给予观察者以一种神秘的蕴含于比例中的和谐……形式超越了物质。"

4. 伊佐（Izzo）

伊佐在18世纪提出"坚固、舒适、美观"，其中舒适不仅包括卫生方面的，也包括心理上的因素。

5. 让·尼古拉·路易·迪朗（J·N·L·Durand）

19世纪初，迪朗只提倡两个基本概念"适当"和"经济"。他认为，建筑的唯一目标就是"最适用与最经济的布置"。[①] 其中，适当包括了坚固、卫生与适宜；经济，并非我们

---

① （英）戴维·史密斯·卡彭. 建筑理论（上）[M] 王贵祥译. 北京：中国建筑工业出版社，2007.

今天所指的经济的节约与浪费问题，而是指形式的匀称与规则，还涵盖了"功能"因素。

6. 戴维·史密斯·卡彭

1999 年，D·S·卡彭在《建筑理论》一书中提出了"形式、功能、意义"三个基本理念和"结构、文脉、意志"三个派生理念。与之前各位建筑师不同的是，卡彭从哲学的角度全面考量了与建筑相关的各个因素与条件，并通过语言、视觉、联想等方式将建筑属性扩展至历史与文化、心理与道德、社会与政治等领域。

关于"形式"，卡彭倾向于认为是由线条、形状、体积等组成，应该是"简单的、清晰组织的、非任意的和经济的"；对于"功能"，在他看来是与形式和结构相一致的系统概念，建筑物的功能及与功能范畴本身相关的活动，以及与意义范畴相关的心理学与道德的概念。而"意义"涉及历史文化的传承问题，班纳姆指出"没有的意义的建筑是不存在的"[①]。卡彭认为意义的重点应该保持在相似或联想的关系上，同时体现在符号与象征的表述过程中，还通过批评、理论与历史等手段运用人类语言对建筑物做出景象描述、原理分析以及历史联想等。在卡彭看来，他所谓的"结构"涵盖了建筑过程的最初阶段、建筑物的实现过程以及建筑物的物理实体。而"文脉"则包括了形式文脉，即建筑物与其所处的建造场地及周围环境的关系；视觉文脉，即通过视觉以感应和移情的手段作用于人的感觉；人类文脉，即与文化传统的关系。最后，"意志"包含了态度、情感与表现、政治与意识形态等等。

4.2.3　历史的梳理与归纳

无论是古罗马时代维特鲁威对建筑"坚固、实用、美观"三个范畴的认定，中世纪阿尔伯蒂所认为的建筑三元素"实用、坚固、美观"，抑或是亨利·沃顿认定的好建筑的三个条件"适宜、坚固、愉悦"，还是伊佐的"坚固、舒适、美观"，以及迪朗的"适当"和"经济"，都有对建筑牢固程度的重视；对功能设置和使用便利程度的重视，以及从审美角度对建筑外观形式美与不美的评判。

维特鲁威、阿尔伯蒂、沃顿等人在论及建筑的坚固范畴时，都涉及结构问题和材料问题，尽管具体的细节不尽雷同，但其实都在考虑和解决建筑的耐久性，亦即我们今天所谓的稳定性或安全性问题。

尽管前后顺序不一致，但维特鲁威和阿尔伯蒂都认为实用是一座建筑好或不好的重要评判标准，就这一点，沃顿只是采用了另一个词"适宜"来表述，同时被涵盖在迪朗的"适当"的范畴下。实用也好，适宜也好，都在讨论建筑功能设置的便利程度，针对用途的不同、人群的差异、公共与私密的区分等合理地安排建筑空间，创造适宜于人们生活的场所。

值得注意的是，在实用的范畴下，阿尔伯蒂提出了经济性与建筑功能之间应该存在着某种平衡关系，而不是一味地满足功能，此时经济问题虽然制约了建筑向放纵和奢侈发展，但始终是以功能的合理为前提。

相比较而言，沃顿的"适宜"原则所指更为广泛，并非仅为使用功能的便利性，还重点指出由建筑及其服务系统导致的人体直接感受，即舒适程度。这在伊佐对建筑的认识里

---

① Jencks, C. & Baird, G. 《Meaning in Architecture》. London: The Cresset Press, 1969

被直接表述为"舒适"。

关于几位伟大的建筑评论家都一致认为"美观"、"愉悦"或"经济"成为建筑基本原则的问题，其中囊括了建筑作为客观事物的比例尺度的协调问题，人们作为主观意识的审美品位问题，以及由此带给人的知识的获得。当然，在今天人的眼中，美的建筑远远不止那些，甚至还包括形体的穿插、材料的质感、阴影的斑驳等。

4.3　西部地域建筑基本属性的调查研究

在对建筑基本属性进行理论分析与归纳后，为验证、查明或修正适合于西部地区的建筑属性，有必要对西部地区人们关于建筑的本质要求进行大规模的实际调查。

4.3.1　前期研究

笔者所在的课题组曾对黄土高原地区，长江上游地区，西北荒漠地区，陕西关中地区，四川地震灾区以及青海玉树地震灾区等地的环境因素、文化因素、经济技术条件等进行深入的调查与研究，并在当地开展乡村建筑创作与示范工程建设工作。在这些地区乡村建筑的研究过程中基本上都采用了以下步骤：地区既有因素的调查→主观评价与客观测试→理念确立与方案创作→示范工程建设→示范工程追踪评价等。通过对西部几个典型地区的研究发现，地域建筑之所以在空间布局、外观造型、装饰工艺、建筑色彩等方面各不相同，不是随心所欲的结果，而是建筑的某些内在因素在一定地域特征影响下的结果。

缘于西藏宗教的神秘性，《藏族民居建筑文化研究》[①] 看似以探讨建筑文化为主题，实则洞悉了与建筑文化相关的自然、宇宙、洁净等观念影响下的藏族居住建筑总体布局、单体营建以及空间模式等内容。在安全与领域一章中，作者分别从物理与心理角度讨论了藏族聚落与单体领域对居住安全性的维护作用。对聚落选址与物质实体的构筑在安全性方面的考虑进行了详尽描述，反映出作者在研究过程中注重对建筑安全性的考虑，实质凸显了在自然地域条件特殊的地区，地域建筑对保护自身、防御外敌入侵等措施的注重。除此外，在自然崇拜、神圣宇宙、污洁分界等观念作用下民居从聚落到单体的空间布局在藏族人心中都是以宗教的神奇力量为引导，关乎建筑功能的空间形式除基本的居住需求外，都以满足宗教祭拜和神灵庇佑为基本要义。尽管如此，作者还是未脱离与建筑空间相关的功能属性的探讨。在关于对传统藏族民居营建的归纳中，作者明确谈到与生活方式相关的空间问题，与气候差异相关的造型问题，以及与自然环境因素、宗教文化因素相关的由就坡建房、封闭院落、屋顶平台、方式横厅、低矮空间等模式语言造就的生态建造问题。由此领悟，安全、空间、形式、生态在藏族建筑的发展过程中成为不得不涉及的领域。

在对长江上游地区乡土建筑的研究中，《西部乡村生土民居再生设计研究》[②] 作者针对云南永仁易地扶贫搬迁项目，对传统与新建建筑进行了主观调查与客观测试，内容涉及平面功能、空间形式、外观造型、通风状况、温湿度、室内光环境、建房经济情况等。这些

---

①　何泉. 藏族民居建筑文化研究 [D]. 西安：西安建筑科技大学，2009.

②　谭良斌. 西部乡村生土民居再生设计研究 [D]. 西安：西安建筑科技大学，2008.

内容实质上是考虑了建筑的功能、形式、物理环境以及经济承担问题。

《陕西关中农村新民居模式研究》[①] 一文，以研究关中民居的建筑空间模式、生态属性、文化传承等主要内容，落实在民居创作过程中关于空间模式、适宜性技术、文化脉络等方面的具体措施。更为重要的是，该文作者认为建房的经济问题隶属于文化价值观范畴，尤以在建设初期投入部分资金改善居住环境质量，以节约使用周期的能源消耗问题为典型代表，既是经济问题也是生态价值观问题。笔者认为该问题与地区经济水平直接相关，同时也与社会的文化、教育水平息息相关，从经济角度考虑对生态的节约，是社会进步的明显标志之一。

《西北乡村民居被动式太阳能设计实践与实测分析》[②] 一文针对西北荒漠区冬季气候严寒干旱的状况，利用太阳能改善冬季室内热环境方面做了大量调查研究与测试，并提出具体的构造措施。《西北农村地区的生态建筑适宜技术——以银川市碱富桥村设计为例》[③] 建议使用太阳能、生物质能等可再生能源以及生态建材等措施改善乡村民居的平面布局、围护结构措施等。从这些生态措施的提出与实施，不难看出，对于地形、地貌、气候等环境特殊的地区，为保护自然环境不受破坏、节约资源与能源，关注建筑的生态属性成为必备之举。

4.3.2　问卷调查

尽管从上述地区的研究结果表明，地域建筑确实存在某些基本且必要的属性，但是哪些属性是从本质上影响着建筑形成的原因还不十分明晰，为此，笔者将与建筑相关的所有属性进行总结、梳理与归纳，拟写调研问卷，开展了大规模访问与调查。我们对四川省彭州市通济镇大坪村，绵阳市三台县文台乡四村，内江市资中县配龙镇枣树村，成都市蒲江县鹤山镇梨山村等进行走访调查。据统计，在这些调查中总计发放问卷 75 份，回收问卷 73 份，其中有效问卷 73 份。调查研究表明（如图 4-7），在调查的 73 人中，有 16 人认为文脉是建筑必备属性，占到总人数的 21.9%。73 人选择结构，说明所有人都认为安全性对一座建筑至关重要。64 人选择功能，说明 87.7% 的人认为功能是建筑必备属性。仅有 4 人选择了意义，所占比例微乎其微。分别有 59 人选择环境的舒适度和建筑的经济性，说明 80.8% 的人认为舒适性标志着建筑的优劣程度。这反映在调查过程中，部分村民向调查人员反映改善室内采光与潮湿状况的诉求，同时表达了对拥有舒适环境的期望。另外，还有同等比例的人认为经济成为制约他们盖房子的主要因素。关于建筑的形式美问题被 33 人看重，占到 45.2%；仅 5 人认为意志是建筑的必备属性，占到 6.8%；最后，还有 48 人认为生态环保也是建筑的必备属性之一，占到总人数的 65.8%。从统计的数据和图表中可以明显看出，结构、功能、环境、经济这四项因素占据绝对优势，毋庸置疑，在建筑满足人类需求中成为必备属性。关于建筑形式，虽然在柱状图中没有占据绝对人数，但是当问及对建筑造型与色彩的看法时，村民们都纷纷发表各自的意见。尽管这些意见不尽相

① 虞志淳. 陕西关中农村新民居模式研究 [D]. 西安：西安建筑科技大学，2009.

② 张群，朱佚韵，刘加平，梁锐. 西北乡村民居被动式太阳能设计实践与实测分析 [J]. 西安理工大学学报，2011，26（4）：477-481.

③ 何泉，刘加平，吕小辉. 西北农村地区的生态建筑适宜技术——以银川市碱富桥村设计为例 [J]. 四川建筑科学研究，2009，35（2）：243-247.

同，但都反映出形式美也是村民对建筑的需求之一。对于生态环境保护问题，由于地处西部偏远农村地区，村民的生态、绿色意识淡薄，但是这一数据仍给笔者不小的意外。通过走访发现，关于环境保护、节约资源与能源等知识的普及，村民依靠电视、广播等传媒获得相关信息。由于政府、媒体的大力宣传使得偏远地区的农民对环保产生了懵懂的意识，但在走访中发现，村民的环保意识并不清晰，内容也不具体。仅局限于不乱丢垃圾、不砍伐森林、不排放废水废气等。其实，在西部乡村地区建房不仅要解决村民的现代化生活、生产问题，更要着眼于生存环境的持久发展问题。因此，人工环境与自然环境的协调发展问题就成为解决生存环境可持续发展问题的关键。而这一理念的具体实现目标就是建筑的生态化。

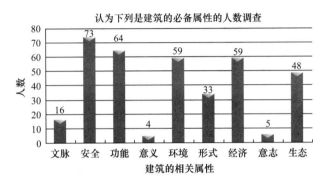

图 4-7　建筑相关属性调查统计结果

通过对上述西藏、云南、银川、陕西、四川等地地域建筑研究内容的梳理，发现这些地区建筑的更新与发展问题都涉及建筑属性的研究与探讨。其中，主要涉及功能与空间、结构与构造、室内外物理环境、经济投入、地域风格等。这些内容的涉猎，无疑显示了安全、便利、舒适、经济、美观等性能特征在建筑创作中的主导地位。结构安全问题实际是建筑顺应地形、地貌，根据不同自然地理条件采取的抵抗和防御措施；功能问题在满足日常需求这一共性的基础上实则满足了当地人的生活习俗、宗教信仰、传统习惯等个性特征；环境问题是人工环境带给人体最直观的感受，它的优劣与否直接关乎人体健康，也会导致资源、能源利用的差异。经济问题是人们建房考虑的因素之一，也是选取材料和技术的衡量标准，在经济欠发达地区，这一制约因素发挥着决定性作用。建筑外观是在顺应气候、地形、地貌等自然条件，按照当地人的传统、文化、习俗和审美等的要求，作用于建筑，是地域建筑给外界的最直观的表达方式。除此外，与自然环境的协调发展是目前以及很长一段时期内任何建筑必须面对和解决的难题之一，因此，汲取生态智慧，使人工微环境融入自然大环境是当务之急。因此，生态化成为建筑设计追逐并将达成的最终目标。

4.3.3　属性归纳

综观前人对建筑基本范畴的认识，我们在大量的调查研究与实践工作中整理与归纳，提出以下几项建筑基本元素，诸如结构、功能、形式、经济、环境、社会等。之所以提出社会这一元素，是因为社会性是人的根本属性，而为人服务的建筑自然具备了伦理道德、历史传承等社会责任。而目前对于自然环境的可持续发展问题，建筑依然脱离不了它的社会责任，因此社会成了标志建筑持久存在并展现其魅力的又一重要因素。

建筑的坚固耐久问题是一个绝对概念，无论何时何地何种类型的建筑首先都以存在为前提，存在的先决条件就是建筑的安全耐久。

相比较而言，"实用"是一个相对概念，在时代背景、地域、生存质量、宗教信仰各异的条件下，人们对建筑功能的需求存在较大差别。例如，古典建筑时期，由于结构技术水平的限定，一般建筑的跨度最多达到几米，当时建筑已然能满足人的空间需求。随着现代建筑技术的发展，尤其是钢筋混凝土结构、钢结构技术的出现，现代一般建筑的跨度都在九米以上，有些甚至达到十几二十米以上。再如，西藏地区由于对宗教的顶礼膜拜，自然导致对宗教祭拜功能的需求，因此在当地的住宅设计中自然缺不了"佛堂"空间。但是这样的使用功能在不信奉藏传佛教的使用者心中无疑是空间的多余和浪费，被视为"不实用"。又如，20 世纪 90 年代的住宅空间，在当今的住宅需求者心中想必也有些不实用之处。因此，建筑空间的实用与否，不是一个绝对概念，而是随时代变迁、社会发展导致的人们对建筑需求的改变而变化。

至于建筑形态的美丑之分，这本身是一个艺术价值问题，对一件艺术品的欣赏在同一时代背景下尚有不同声音，更何况不同文化、地域背景下的不同阶层的人们，很难对同一座建筑的审美达成共识，这毕竟是人生观、价值观作用下的审美差异。因此，艺术作品的审美没有唯一标准，无论是使用者还是创作者都有发言权。

建筑的经济因素是任何类型的建筑也无法逃避的话题，大部分情况下公共建筑，例如博物馆、图书馆、展览馆、飞机场、火车站等的经济问题由当权者承担，因此，相比较于私人住宅而言，建筑造价受到的约束较少。相反，在私人宅第的设计中，尤其是中国西部乡村特别是贫困地区的建筑更新，建筑的经济问题成为创作者不得不考虑的因素，甚至成为制约因素。

人工环境的舒适与否是基于建筑安全存在前提下涉及的又一因素。环境舒适度是建筑质量在物理性能方面的具体体现，由主、客观两方面指标的衡量，通过人体感官、数据测试显示。与建筑实用性相似的是，它也有优劣之分；所不同的是，它基本不以时代变迁、社会发展、人的喜好而改变，更多强调了以适应人的感受为主导的客观物理条件。

环保生态问题是鉴于人类自工业革命以来长期对自然环境漠视造成的环境污染问题而提出的应对理念，是当今建筑创作中不得忽视的基本属性。无论类型、规模、性质如何差异，为了达到可持续发展的目标，生态、绿色、环保成为衡量建筑优劣的基本标准。对于我国西部大部分地区而言，生态环境总体脆弱，贫困地区自然灾害发生频繁，水土流失、草原退化、土地沙漠化等问题日益加剧。因此，重视乡村建筑创作中的生态因素是在我国西部乡村城镇化进程中考虑人居环境持续发展的必然。

1999 年查尔斯柯里亚在就任清华大学客座教授的讲演上，他首先开门见山地说明两个基本观点，其中之一就是建筑的发展不能脱离基本原则，它的实用功能、技术经济以及建立在上述前提下的艺术创造，脱离了前提，生活的要求，社会经济条件，就会步入歧途。[①] 尽管这一观点重在说明建筑的基本前提是生活的要求和社会经济条件，但是从他的论述中，我们不难发现柯氏对建筑基本属性的认识涵盖了实用、技术、艺术、经济、社会等范畴。

---

① 吴良镛. 查尔斯柯里亚的道路 [J]. 建筑学报，2000，(11)：44.

4.4 西部地域建筑基本属性的内涵

中国经济快速进步，西部城镇化进程逐步加快，西部城乡居民迫切需要改善居住环境条件。西部乡村建筑，大部分还是传统民居建筑，普遍存在如下问题：建筑功能差，卫生洗浴系统缺失，难以满足现代生活方式需求；抗震性能差，防洪涝能力弱；道路、给排水设施不健全。随着经济水平的提高，改善居住条件是居民普遍的愿望。除此外，目前大部分西部乡村新建建筑依然采用自建方式，建造方式则是模仿现代砖混结构房屋，不但在建造过程中对混凝土的使用量大量增加，而且房屋本身的采暖与空调能耗、CO_2 等污染物的排放量也成倍增长。砖混结构房屋丢失了传统地域建筑中适应气候的生态建筑经验。同时，风格多样的地域建筑风貌不再。因此，有必要从以下几项建筑基本属性着手进行地域建筑更新原则的研究。

属性，是由元素及其所具备的价值组成。那么，每一项建筑属性都是由建筑元素以及其具备的相应价值构成，地域建筑也不例外。见表 4-1。

建筑属性的元素-价值-内涵   表 4-1

元素	价值	内涵	
结构（Construction）	安全性（Safety）	建筑实体的坚固、耐久程度	
		抵御自然灾害的能力，如地震破坏	
功能（Function）	便利性（Optimal programmatic）	建筑空间布局	
		建筑与周边服务设施的关系	
经济（Economy）	有效性（Effectiveness）	建造成本	
		运行成本	
环境（Environment）	舒适性（Comfort）	生理舒适	声环境
			光环境
			热环境
		心理舒适	空间尺度
			室内装饰
形式（Form）	美观性（Aesthetics）	形体	比例、尺度
			韵律、节奏
			均衡、稳定
			对比、差异
		色彩	
		质感	
社会（Society）	生态性（Ecology）	与自然环境共生	
		节约高效	
		健康无害	
		保护文化多样性	

4.4.1 结构安全性（Durability）

西部地区是干旱、高寒等灾害发生率最高的地区，一般常见的有洪、霜、雹、病等多种自然灾害。西部地区山区较多，容易发生地质灾害。据统计，西部地区泥石流、滑坡等自然灾害占到全国的 70%。灾害每年造成 600 多人死亡，直接经济损失 20 亿元人民币。我国是个多地震的国家，其中西部的西南地区和西北地区占据了我国两大主要地震带。地震灾害发生频繁，造成生产生活中断、危害人们生命财产安全，后果严重。地震灾害最直接的表现形式就是房屋倒塌导致的人员伤亡，因此，在西部地区新建建筑时必须要考虑结构的安全性问题。

结构，是指在建筑建设过程中与牢固和耐久程度相关的结构体系选择以及建筑物建成后在抵御自然灾害中所应承担的能力。提高结构的安全性需要从结构选型、结构构造、结构布置、材料选择等方面着手。

4.4.2　功能便利性（Convenience）

人们盖房子是因为有使用要求，这就是功能。当然，建筑的出现不仅用来满足个人或家庭的生活需要，还要用来满足整个社会的各种需要，因此出现了各种类型的建筑。之所以能满足各种各样的功能需求，是因为空间在发挥作用。空间与功能是形式与内容的关系，功能的合理与否，是由空间及空间之间的组合关系决定。首先，单个房间的大小、形状、比例关系及门窗等必须符合一定的功能要求。其次，单个空间之间的连接关系也决定着功能的合理与否，是以线性走廊连接还是以连续、穿套的形式组织完全取决于功能需要。从上古时代原始的遮蔽所到现代的万人体育馆、超高层建筑等都是社会发展对建筑功能提出的新要求。但无论功能如何发展，在建筑的演化过程中，居住仍是最主要、最根本的因素，因此，居住建筑是其他建筑形制的源头。

居住建筑的便利，首先归因于居住建筑自身的空间布局满足使用者要求。其次，建筑与周边服务设施的关系，包括与周围环境的关系，建筑设施的使用，信息服务的接受以及社区服务的接受等。

功能空间的便利主要是建筑与当地人生活习俗的符合程度。对于西部乡村建筑，就是房间与庭院在空间大小、形状、尺度、流线等方面的合理性，既适宜于乡村日常生活，家庭劳作，又能在特殊节日接待亲朋，提供住宿；还能满足现代乡村生产生活方式，例如起居、待客、洗浴、卫生，甚至旅游接待等功能。

基地环境的便利包括了交通方便，与工作、学习地点近便。建筑设施的便利包括住户室内使用方便，公用设施齐全，停车场地方便、规模足够，电梯设备使用便利等。信息服务的接受包括媒体，如广播、电视、网络等接收的可能性及方便程度，还包括通讯，如邮政、有线无线电话等技术的发展。社区服务主要是商店、医院、学校等生活配套设施的近便程度。

4.4.3　经济有效性（Affordability）

建筑的经济包括建设成本与运行成本两部分。其中建设成本要求符合使用者收入水平，包括采取合理的结构形式，减少由于结构不合理带来的经济浪费；尽可能选择当地适宜的建筑材料，以减少前期的运输费用；降低施工费用，缩短工期等。另外，运行成本要求降低日常使用耗费，包括维修管理方便；增加建筑质量的耐久性；降低建筑由采暖、通风、采光等能耗带来的费用。

有效性不是一味降低成本，不是建造价格低廉、质量糟糕、运行能耗大的建筑，也不是不计建设成本，一味要求投入运行后成本一减再减的建筑，而是在建设与运行中找到最佳平衡点，即投入成本的可接受度与使用中相对较低的成本。它是建立在降低建设成本与节约运行成本的基础上的有效利用。成本的有效性是建筑使用过程中综合效益合理性的体现，因此应本着综合效益有效性的原则节约建筑成本。建筑生命周期内的费用分配情况如图4-8，由此可知系统运营费用在建筑整个生命周期内与其他阶段费用相比占绝对地位，前期投入的

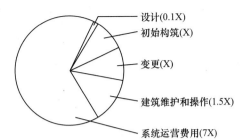

图 4-8   建筑系统生命周期内费用分配情况
图片来源：刘先觉. 现代建筑理论：建筑结合人文科学自然科学与技术科学的新成就［M］. 北京：中国建筑工业出版社，2010：607.

不合理性会引起整个寿命期内更高的成本。如果建造前在节能、环保等方面适当增加投入，则可能带来更高的效益。例如，建设初期，选用耐久性好的建筑材料，安装利用可再生能源的装置，可能会带来建设成本的加大。但是前期投入的加大带来建筑运行中维修、能耗费用的降低。这不仅节约运行成本的个人投入，也为地球资源乃至全人类生活质量的社会成本做长远考虑。正如邹德侬先生在《中国地域性建筑的成就、局限和前瞻》中说到的："建筑经济不仅是业主或开发商的事情，要考虑全社会的综合利益，从建筑生命周期的观念出发考虑经济问题。经济因素毕竟是人可以控制的，保护环境和不可再生资源的观念和机制必须优先。"[1]

4.4.4 环境舒适性（Comfort）

据统计，大多数人一生中大约80%的时间在建筑室内度过[2]。室内环境是人与人工环境联系最为紧密的空间，其质量的优劣直接影响着使用者的生活质量和健康。舒适的环境，要求室内声、光、热等环境各项指标满足人体可承受范围。同时，舒适的环境还一定是健康的环境。所谓健康[3]，在世界卫生组织章程序言中提出过明确的定义，即健康是体格上、精神上、社会上的完全安逸状态，而不只是没有疾病、身体不适或不衰弱。那么，健康的环境一定是利于使用者生理、心理、社会健康发展需要的环境氛围。因此，它不仅包含建筑室内物理环境，还取决于使用者的主观心理因素。即生理健康与心理健康兼备。

1. 生理健康

生理健康主要取决于建筑内部物理环境的客观情况，如声、光、热的客观测量值以及室内建材的无害化。

（1）室内热环境

舒适宜人的建筑室内热环境能够创造健康、良好的生活和工作氛围，提升生活品质和工作效率。室内热环境[4]，又称室内气候，由室内空气温度、相对湿度、气流速度和壁面平均辐射温度四种参数综合形成。空气温度的高低在很大程度上直接决定着人体的冷热舒适感；空气湿度与温度共同作用又影响着人体的舒适与健康；适当的空气流动速度在夏季

① 邹德侬，刘丛红，赵建波. 中国地域性建筑的成就、局限和前瞻［J］. 建筑学报，2002，（5）：7.

② 布莱恩·爱濡华兹. 可持续性建筑［M］. 周玉鹏等译. 北京：中国建筑工业出版社，2003：172.

③ http://baike.baidu.com/view/18021.htm

④ 刘加平，杨柳. 室内热环境设计［M］. 北京：机械工业出版社. 2005：1.

能有效地提高人体热舒适感[①]；室内环境物体表面辐射温度的高低，对人体热感觉也影响巨大。建筑室内气候环境的控制目标是[②]：必须保证居住者的健康卫生要求，在一般情况下，满足热舒适要求；在极端情况下，结合其他辅助室内气候调节设备来达到或接近室内气候的热舒适水平。对于建筑的主要使用房间，应满足：室内气温夏季上限为 30℃～31℃，冬季下限为 14.5℃～17.5℃；壁面平均热辐射温度夏季应小于或等于室内气温上限，冬季应大于或等于室内气温下限；对于气流速度，在一般情况下，宜控制在 0.1～0.5m/s 之间，最大不宜超过 3m/s。

（2）室内光环境

与建筑光环境接触最直观的感觉是视觉。视觉[③]是由进入人眼的辐射所产生的光感觉而获得的对外界的认识。人类获取外部世界信息的 80% 来源于视觉[④]。建筑光环境分为自然光和人工光两大类。自然光是通过建筑空间组织、形体错动的开口，将外界光引入建筑物内部从而形成的光环境，例如路易康、安藤忠雄等人都善于用光塑造建筑空间，尤以光之教堂、小攸邸等建筑为典型代表。人工光环境是在建筑物内部由照明设计而形成的光环境。

人眼只有在良好的光照条件下才能有效地进行视觉工作，现在大多数工作都是在室内进行，故必须在室内创造良好的光环境。光环境设计应充分考虑使用者的生理需求、心理需求以及视觉环境舒适度等，既要注重自然光的借用，又要考虑人工照明的设计。由于人眼在自然光下比在人工光下具有更高的视觉功效，因此合理利用自然光能使人感到舒适并有益于身心健康。处理室内照明时，应充分估计光的表现力，结合建筑物的使用要求、空间尺度、结构形式等，对光的分布、光的明暗、装修的颜色和质量做出合理安排，使之达到开敞、透明、轻松、私密、活力等不同的艺术效果同时形成适宜的光环境。

（3）室内声环境

人们所处环境的声音水平也严重影响着人的舒适感觉和健康水平。人们睡眠、休息、活动、学习、工作等都需要安静的建筑环境。但现代工业文明却带来了前所未有的噪声干扰，它与水污染、空气污染、垃圾污染并列为现代世界的四大公害。噪声带来的危害是多方面的[⑤]：它可以引起听觉器官的损坏，例如人长期在 90dB（A）以上的噪声环境中工作就可能发生噪声性耳聋；噪声作用于人的中枢神经时，使人的大脑皮层的兴奋与抑制的平衡失调，引起多种疾病；噪声影响正常生活，45dB（A）的噪声就开始影响正常人的睡眠；它还能降低劳动效率，人们在嘈杂的环境中心情容易烦躁，工作容易疲劳；特别强烈的噪声还能损坏建筑物，影响仪器设备的正常运转。因此，为了创建良好的声环境，首先，需要在设计中根据空间使用性质对建筑进行良好的动静分区，避免背景噪声，如交通、工厂、施工、社会生活等带来的噪声干扰。同时，选取合理的室内材料、采取相应的构造措施实现隔声与吸声降噪。

---

① 室内热舒适，是指人对环境的冷热程度感觉满意的状态。人体取得热舒适状态主要取决于两个因素，其一，个人性质，如活动量、适应力及衣着情况等；其二，室内热环境的几个构成要素。

② 杨柳. 建筑气候学 [M]. 北京：中国建筑工业出版社，2010：24.

③ 刘加平主编. 建筑物理 [M]. 北京：中国建筑工业出版社，2009：170.

④ 赵睿. 建筑光环境设计中的心理学因素 [J]. 工业建筑，2007，37（增刊）：153-156.

⑤ 刘加平主编. 建筑物理 [M]. 北京：中国建筑工业出版社，2009：474.

（4）室内建筑材料无害化

建筑材料的有害与否也是衡量室内环境优劣的重要指标。长期以来由于建造及装修材料的原因导致室内人员产生易疲劳、皮肤过敏、头痛、嗜睡甚至哮喘等症状。究其原因，是建材中有害物质挥发所致。导致室内空气被污染的主要为：甲醛（主要来源于建筑材料、室内装饰材料、某些生活用品），挥发性有机化合物（简称 VOC，主要来源于建筑材料、室内装饰材料、化纤制品），氡气（来源于花岗岩、砖砂、水泥、石膏等建筑材料），重金属，板材，织物等。以最普遍的甲醛污染为例，它对皮肤、眼、鼻、喉、气管等的黏膜有刺激作用，高浓度吸入会引起呼吸道水肿；而且它还是一种环境致敏原，能诱使某些过敏体质的人产生过敏性皮炎或诱发哮喘。

针对上述污染，在进行建筑施工与室内装修时，尽量选用低放射、低污染、清洁、无害的绿色建材，同时适当考虑采用可再生建材。

2. 心理健康

心理健康主要取决于空间使用者的主观心理因素，如室内空间的大小、形状尺度、布局、装饰等，以及使用者满意度、情绪、人际关系等心理影响[①]。

室内空间的大小与绝对尺寸相关，在建筑设计时基本就决定了。根据实际需要及人的心理需求，不同性质的空间，要求具备的尺寸大小不同。不同的空间形态带给人不同的空间感受。方、圆等简约的几何形空间，给人以大方、庄重、稳定、集中之感；不规则的空间形态给人自由、随性、惬意的感受；围合式空间是内向、封闭、稳定、隔绝的象征；开敞式空间则给人通透、开敞、明亮的氛围。高大空间令人有庄严肃穆、开阔宏伟之感；尖耸的空间具有神秘威严的氛围；在适当的尺度范围内，低矮狭小的空间则往往给人亲切、温馨之意。在建筑设计中确定空间形状时，除了要考虑功能要求外，还要结合一定的艺术意图来选择。以此确保功能的合理性与审美的艺术性。

尺度不是真实尺寸的大小，而是建筑给人感觉上的大小印象和其真实大小之间的关系。任何形状或大小的空间都存在长、宽、高三个方向的度量，因此具备一定的尺度感。室内空间的尺度应与房间的使用功能相吻合。例如住宅中的居室，过小的空间给人压抑、局促之感；过大的空间又难以形成亲切、安静的氛围。在室内要形成适宜的尺度，就要以人的尺寸为参考，根据人体工程学要求而设计各部分的尺寸，同时注意处理各构件之间以及构件与整体空间的相互关系。

天花板、墙壁、地面是空间的基本架构和具体界限，象征生活水平的舒适感和私密性，所以其选配的材料不仅是造型和色彩设计的基础，更是表现光线和质感的载体。材料的质感、触感左右空间的气氛。材料的颜色，影响人的情绪。装饰材料的选取、搭配与布局，应注意对地方、传统、民族等元素的表达，以符合当地人的审美与生活习惯。在选取无污染、天然、可再生装饰材料的基础上，将绿色植物引入室内布置，改善与调节室内空气质量，缓解居住者或工作者压力。

综上所述，为获得舒适、健康的室内环境，就必须从生理健康与心理健康两个层面上满足人的需求。在客观物理环境指标与人体主观感受两方面，采取技术与艺术手段相结合的方式创造美好舒适的生存环境。

---

① 刘强，健康、绿色、可持续性——当今建筑设计的发展趋势 [J]. 华东交通大学学报，2002，19（4）：25-27.

4.4.5 形式美观性（Aesthetics）

尽管具备不可替代的使用功能，建筑这门艺术与诗歌、音乐、绘画、雕刻等各艺术门类相似的是，美学问题成为无法规避的话题。因此，形式美也成为建筑必然具备的基本属性之一。关于美的问题存在客、主体之分，即建筑本身和审美主体人。建筑之所以被认为是美的，缘于它的组织规律。这一规律是具有普遍性、必然性和永恒性的法则，是绝对的。而组成审美主体的人则由于时代、民族、地域的差别而具备不同的审美观念，因此审美观念是动态的、相对的。

尽管建筑艺术由于审美观念的差异而千差万别，但是客观的形式美规律依然发挥着巨大作用。这其中涉及建筑形体、色彩以及质感等方面。

1. 建筑形体

建筑形体的组成主要有比例、尺度、韵律、节奏、均衡、稳定、对比、差异等规律。

（1）比例、尺度

比例[1]，所研究的是体块、部件、构件本身的长、宽、高这三个方向尺寸之间的关系问题，同时也研究体块之间尺寸的比较关系。比例关系的和谐与否，对建筑美感的形成起决定性作用。历史上著名的"黄金分割比"以及简单几何形体制约形成的构图形式都能产生完整统一的比例关系。比例选用应与形体所处的地位与要求相适应，主次区分。当然，除了追求视觉美感外，比例关系还应当在遵循建筑功能的基础上进行调整。

为取得非凡的艺术效果，需要正确运用建筑体量大小，这就涉及尺度的概念。尺度[2]，所研究的是建筑物整体或局部给人感觉上的大小印象和其真实大小之间的关系问题。尺度虽然涉及建筑要素的尺寸大小，但它不等同于真实尺寸的大小，而是从感觉上给人以大或小的印象。尺度是人的直观感受，因此以人的尺度衡量建筑，仅适用于室内空间，建筑构件等。例如，在进行建筑测绘或调研中常常用到的步测法，就是运用人体尺度衡量建筑空间大小的典型。对于体量庞大的建筑类型，可通过与周边建筑体量的对比或以熟悉的建筑构件作参考，判断尺度大小。因此，注意积累日常生活中的感性经验是合理设计和判断建筑尺度的重要方法。

（2）韵律、节奏

为获取丰富多样而又统一的表现效果，可运用母题重复的做法。此即韵律。韵律[3]，就是艺术表现中有规律的重复，有组织的变化的一种现象。简单的重复产生连续、单一的韵律，复杂的重复产生抑扬顿挫的节奏。建筑形体组织可采用以下方法：一、相同元素按照一定规律组合，形成连续的韵律感，如南方的骑楼建筑，就利用开间与进深相同的单元形成连续不断的空间感受。二、形状相同、大小不同的母题，以区分主次功能空间。三、各元素按一定规律交织、穿插而成。

（3）均衡、稳定

为了达到稳定的视觉效果，建筑体块应均衡分布，可以运用静态平衡、动态平衡的方式。例如，西方古典建筑和我国古代建筑常常在建筑形体或立面上运用对称手法来取得庄严、肃穆

---

① 潘定祥. 建筑美的构成 [M]. 北京：东方出版社，2010：36.

② 彭一刚. 建筑空间组合论 [M]. 北京：中国建筑工业出版社，2001：41.

③ 清华大学土木建筑系民用建筑设计教研组. 建筑构图原理（初稿）[M]. 北京：中国工业出版社，1962.

的效果，实则运用了静态平衡的理念。又如，埃罗·沙里宁设计的纽约肯尼迪国际机场候机楼和杜勒斯机场候机楼，为暗示飞机离航的寓意，采用跃跃欲试的形态，取得动态平衡的效果。

（4）对比、差异

为避免视觉疲劳或主次不分，可采取差异与对比的手法。以元素之间细微的差别求得和谐与统一，借助彼此显著的差异寻求变化与多样。其中，对比的手法可采取大小、形状、方向、虚实、直曲、色彩、质感等的比较以陪衬和凸显各自的特点，给人以更深刻的印象。

2. 色彩

由于颜色的丰富多样，给人以大小、明暗、深浅、冷暖、远近、轻重、软硬等不同视觉感受，因此在建筑形式美中可产生协调、对比两种不同效果。为创造色彩美的建筑，应以统一协调为原则。首先要根据建筑物所处的环境及其功能性质确定整个建筑的色调。其次，注意明暗、冷暖、深浅的搭配，以取得视觉的平衡。

3. 质感

由客观事物材料、质量决定，给人以软硬、虚实、滑涩、韧脆、透明与浑浊等多种视觉与触觉感受。人对建筑质感的体会从宏观到微观，宏观而言，质感能造成比实际更大或更小，更实或更虚的感受；微观而言，质感能造成粗糙或细腻、冰冷或热情的感受。因此，材料选择在很大程度上影响和制约着建筑给人的感受。一方面可以利用材料本身所固有的特点来谋求质感，另外，也可利用人工方法制造某种特殊的质感。建筑质感也可形成协调与对比两种截然不同的效果。例如，国际式风格时期最典型的代表就是密斯式的玻璃盒子建筑，主要采用玻璃、钢、混凝土等材料，这些工业化产物的共性是机械、冷漠，因此搭配使用给人以高耸、冷峻、不近人情之感。但是，如果采用木材、竹材、泥土等天然材料，尤其是在入口、室内以及建筑构件等近人尺度，人们就会觉得容易亲近，处之泰然。

4.4.6 社会生态性（Ecology）

生态属性在建筑上的具体物化形式就是生态建筑。生态建筑是将建筑看成一个生态系统，通过组织建筑内外空间中各种物态因素，使物质、能源在建筑生态系统内部有序循环转换，获得高效、低耗、无废、无污、生态平衡的建筑环境。生态建筑的概念着眼于两个方面：（1）提供有益健康的建筑大环境，并为使用者提供高质量的生存小环境；（2）减少能耗，保护环境，尊重自然。

1. 与自然环境共生

在尊重自然环境的基础上，建筑采取与自然和谐共存并非对立的姿态。因此，生态性体现在建筑适应当地气候，与自然景观相结合等方面。目前尚存的乡土聚落之所以长期存在并发展至今，就是因为在适应气候、结合地域条件上它做到了与自然环境相契合。

2. 节约高效

建筑环境是人类活动对资源影响最为显著的领域之一，世界上约1/6的净水供给建筑，建筑业消耗全球40%的材料和近50%的能量，在美国，建筑生产、运行就占据了50%的国家财富。[①] 作为资源消耗大户的建筑业，采取节约、高效措施是节约全球资源的重要一环。

---

① Brenda & Robert Vale. Green Architecture—Design for Sustainable Future. London: Thames & Hudson Ltd, 1991: 15-32.

（1）节能、高效措施

节约建筑制造能源、施工能源、运行和维护能源、拆除建筑的能源等。为了达到节约以上能源的目的，就要采取以下两种措施：（1）提高能效。包括改进建筑物热工性能；挖掘自然通风、采光等被动式设计手段；引入新材料、节能设备和智能控制设备；适当选择木、竹、石等天然建材；多层次回收利用能源等。（2）开发和利用可再生能源，如太阳能、风能、生物能等替代传统能源。

（2）节地、节水、节材措施

节地措施包括充分利用地形，因地制宜地利用坡地、荒地，发挥建设用地效能；合理紧凑布局建筑，适度提高建筑密度；长远考虑近期与远期发展关系；控制建筑体形；开发建筑的复合功能；充分发掘利用地下空间，如地下停车、交通、商业等用途；有效利用地表空间，并发展空中与水面空间。节地措施的意义在于减少建筑物对生态区域的占有。

节水措施包括雨水收集利用、中水回收利用，使用节水器具，选择建造时耗水少的建材等。其意义在于缓解由浪费造成的水资源危机，摆脱由于分布不均造成的人类社会缺水问题。

节材措施包括对现有结构和材料的再利用（Reuse）；减少建筑建造过程中不可持续材料的使用（Reduce）；废弃物回收利用，使用循环再生材料（Recycle）；此即众所周知的3R原则。除此外，使用可再生相关材料、地方材料及耐久材料也是节约材料的措施之一。节材措施的意义在于减少有害气体排放，能源与资源消耗等。

3. 健康无害

健康无害主要是以人的健康需求为目标，保证室内空气的无害化；确保室内废气、废物的及时处理；创造宜人的室内物理环境等。除此外，健康无害的范围从生存环境的微观范围扩充至建筑环境以外的场地环境、地球环境等宏观范围。对场地环境而言，妥善处理场地内部植被、动物、水系等的关系，尽可能小地改变场地原有面貌，施工中减少废物、废气、废液排放。对于地球环境而言，选择内含能量少、排放有毒物质少的材料，重复利用旧材料以减少对环境污染物的排放。

4. 保护文化多样性

建筑生态化不是仅对自然生态系统平衡的维护，还涉及人以及与人相关的社会系统的平衡发展。作为实现建筑可持续发展的具体措施之一，生态建筑对传承地方文化、实现文化多样性具有义不容辞的责任，即建筑文化生态化。其具体方面有：乡土聚落、地域风貌的保护与传承，地方性适宜技术的延续利用，地方材料的运用与表达，当地居民参与设计与建设等。具体措施如表4-2所示。

保持文化多样性的生态措施　　　　　　　　　　　　　　　　　　　　　表 4-2[①]

	概念	措施
继承历史	（1）对城市历史地段和乡土聚落特色的继承； （2）与传统建筑技术结合	（1）对有历史价值的古建筑妥善保护； （2）传统街区、地段和民居的保全和再生； （3）对具有地方特色的景观进行保护和利用； （4）保护和继承适宜的地方建造技术； （5）传统建筑材料的再利用

① 刘先觉. 现代建筑理论：建筑结合人文科学自然科学与技术科学的新成就 [M]. 北京：中国建筑工业出版社，2010：610.

	概念	措施
新旧融合	(1) 与城市肌理融合； (2) 对标志性景观及风景名胜区进行保护和利用	(1) 与历史城市环境尺度和轮廓线相协调； (2) 维持原有城市街区和乡村自然生长的有机性； (3) 适度的容量开发； (4) 对土地、资源、交通适度利用； (5) 城市标志性景观共享； (6) 继承的同时积极创造城市新景观
复兴地区文化	(1) 尊重当地居民的生活方式； (2) 鼓励居民参与设计； (3) 创造多样化的人口结构和生活方式，保持城市活力	(1) 考虑当地传统生产方式、贸易方式； (2) 尊重传统风俗、伦理制度、信仰及日常生活习惯； (3) 更新过程中，保护居民对原有地区的认知特征物（建筑、景观、标志物）； (4) 创造各种形式的城市交往空间； (5) 鼓励居民参与设计，使方案更贴近当地文化和生活； (6) 继承传统和地方特色，创造有归属感的建筑环境

4.5 西部地域建筑的更新策略

鉴于西部地域建筑发展面临的问题，使得结构、功能、经济、环境、形式、生态等成为西部地区建筑更新亟须面对和解决的问题；而安全、便利、有效、舒适、美观、节约等成为衡量解决上述问题的标准。那么，在西部乡村地区进行建筑创作，到底如何解决上述问题，必须落实在具体的创作策略上。

4.5.1 结构体系选择

对于我国西部偏远地区的乡村建筑而言，经济相对落后，新型材料与结构措施不可能广泛应用，也不可能完全依据国家现行规范进行结构设计。因此，抗震设防目标中，以生命安全为前提，在中震及大震情况下以保证房屋不倒为设计准则。

在进行结构体系选择前，应根据当地的实际情况和工程需要，对拟建的场地进行考察与评估，宜选择对建筑抗震有利的地段进行建筑物布置，如开阔平坦的坚硬场地土和密实均匀的中硬场地土等地段；需避开对建筑抗震不利的地段，如软弱的填土场地，条状突出的山嘴，高耸孤立的山丘，边坡边缘，易产生滑坡等地段。

首先，针对项目所在地的地质条件与自然灾害情况进行结构选型。主体结构尽可能延续当地传统建筑中合理的结构体系，并且利用当地天然材料。同时，建筑物宜采取质量轻的结构形式，重心宜偏低，以减小震幅。

其次，加强抗震设防措施。采取价格低廉、简单易行的构造措施提升传统结构体系的抗震性能。

再次，承重结构与围护结构应进行整体考虑。

最后，建筑的平面、立面、体量布局应利于抗震。建筑布局上尽量选择简单、对称的建筑平面与立面形式。乡村民居中以居室为主要功能的主房及耳房宜采取等高等进深的建筑尺寸，减少错层对抗震的不利。建筑体块简洁为利，其中重心对称式为好，使质量中心与刚度中心重合，以免产生扭矩。刚度要均匀，减少由于建筑高度、体型方面的不规则变化带来的建筑局部破坏等（如表4-3）。

结构体系选择策略　　　　　　　　　　　　　　　　　　　表 4-3

建筑元素	涵盖内容	更新策略
结构体系	场址选择	选择有利抗震地段，避开不利地段
	结构选型	主体结构延续当地传统建筑中合理的结构体系，利用当地天然材料
		质量轻的结构形式
	抗震设防	从构造措施上提升抗震性能
	建筑布局	简单、对称的建筑平面与立面形式
		体块简洁

4.5.2　功能空间组织

依据当地人生活习惯、生产需要、传统习俗、宗教信仰等进行空间组织。例如，西部乡村民居大多以堂屋居中，卧室位于两侧的三开间主房为主进行建筑布局。新建建筑中可遵循上述布局模式，以满足当地人生活习惯。但是面对特殊生活、宗教习惯的地区，应该以尊重其使用习惯为主。如藏族民居布局中，注意保留佛堂空间，以满足功能需求。

同时，建筑空间布局注重与现代化生产生活方式相结合，对原有空间进行调整。首先，以院落等形式分离人、畜空间，以满足人体生存健康的基本要求。其次，改变生活区空间杂糅的现象，明确划分内部使用空间如起居、休息等与外部接待空间如会客等。再次，设置独立的卫生、洗浴空间与设施，提高西部乡村地区人们的生活质量。最后，应设置或预留一定的家庭生产、储存空间。

除此外，兼顾考虑人们使用周边公共服务设施的便利度。目前的乡村建筑聚落布局明显地表现为建筑与道路邻接或建筑围绕道路布置。因此，考虑除道路以外的其他公共设施对建筑本身的便利服务。

功能空间组织策略　　　　　　　　　　　　　　　　　　　表 4-4

建筑元素	涵盖内容	更新策略
功能空间	尊重原有生活方式	依据当地人生活习惯、生产需要、传统习俗、宗教信仰等进行空间组织
	与现代化生产生活方式相结合	分离人、畜空间
		明确划分内部使用空间与外部接待空间
		设置独立的卫生、洗浴空间与设施
	周边公共服务设施	道路
		其他

4.5.3　成本经济投入

在设计前期的调查中，对项目所在地的总体经济水平、人群的收入来源等进行了解、汇总与统计。根据当地人的经济承担能力，考虑前期建造成本的适宜性和后期运行成本的节约性。

在建设成本的投入中，尽量选取当地富足且低碳、环保、可重复利用的建筑材料；根据人口规模确定建房规模，不宜铺张浪费；方案设计中注重房间布局的灵活性，考虑分期建设的可能。

运行成本主要是建筑投入使用后的能源消耗费用（建筑能耗与生活能源）、维修费用等。因此，在方案创作阶段，通过减小建筑形体外露面积减小建筑能耗；增加围护结构保温隔热性能减小空调使用能耗；冬冷夏热地区，建筑布局上注重夏季遮阳、自然通风组织等减少空调能耗；采取被动式手段充分收集、利用太阳能以增加冬季室内温度，降低空调能耗；利用生物质能降低炊事、热水等生活能耗。通过选取当地材料、在当地传统技术的基础上并改进不利做法，使当地人参与建造过程，对于降低后期建筑维修费用极其有利。

成本经济投入策略　　　　　　　　　　　　　　　　　　　　　　表 4-5

建筑元素	涵盖内容	更新策略
经济成本	降低建造成本	选取当地富足且低碳、环保、可重复利用的建筑材料
		根据人口规模确定建房规模
		考虑分期建设
	降低运行成本	减小建筑形体外露面积
		增加围护结构保温隔热性能
		冬冷夏热地区，注重夏季遮阳、自然通风组织
		利用太阳能、生物质能
		选取当地材料、传统技术，当地人参与建造过程，降低维修费用

4.5.4　室内环境创造

首先，创造舒适、健康的室内物理环境。其一，通过调整或改变围护结构材料构造来改善建筑室内热环境。我国西部大部分地区处于严寒、寒冷以及夏热冬冷地区，因此提高建筑的冬季保温是解决和改善建筑热环境的关键，部分地区兼有夏季隔热问题。因此，需要采取适宜性技术，即选用当地富足的材料，在继承当地原有构造方式优势的基础上加强围护结构保温性能，并改进不利做法。其二，通过调整原有建筑开间、进深尺寸，改变开窗尺寸与大小，用以改善室内光环境。其三，通过改变围护结构的材料、构造措施提高建筑隔声能力，避免声干扰。这一措施需结合围护结构对室内热环境的需求综合考虑。对于距离城市道路较远的乡村环境，主要以狗吠鸡鸣的家禽声为主，因此，声环境大多处于舒适范围，可次要考虑。其四，建筑室内装饰如天花板、墙壁、地面尽量选用环保、可再生的建筑材料，如木、土、竹、石等，避免或减少甲醛、挥发性有机化合物、氡气、重金属等有害气体的排放，创造健康的室内环境。其五，在保证室内声、光、热等环境舒适的前提下，建筑空间布局尽可能利于室内空气流通，排除污染物与有害气体。

其次，创造宜人的室内心理环境。依据建筑及其空间性质、人们对该空间的尺度需求等因素确定新建建筑的空间尺度。例如客厅，它是社交会客以及家庭聚会、休闲娱乐的场所，因此其空间要求相对较大且方正，同时参考现代家具尺寸，结合设计。室内装饰材料除注重无毒无害外，宜采取木、竹、土等材料，创造亲切、舒适、宜人的空间视感、质感与触感。

室内环境创造策略 表 4-6

建筑元素	涵盖内容	更新策略
室内环境	舒适、健康的物理环境	调整或改变围护结构材料构造来改善建筑室内热环境
		通过调整原有建筑开间、进深尺寸，改变开窗尺寸与大小，用以改善室内光环境
		通过改变围护结构的材料、构造措施提高建筑隔声能力
		建筑室内装饰选用环保、可再生的建筑材料，避免或减少有害气体的排放，创造健康的室内环境
		建筑空间布局利于室内空气流通，排除污染物与有害气体
	宜人的心理环境	根据使用要求确定适宜的空间尺度
		采取木、竹、土等材料，创造亲切、舒适、宜人的空间视感、质感与触感

4.5.5 地域风貌塑造

地域建筑形态的形成首先且主要缘于对当地自然环境因素如地形、地貌、气候、水文等因素的回应，因此，首先应当处理好建筑与自然环境的交接、搭配、嵌入等问题，做到相容共生、相得益彰。建筑形体在遵从功能需要的前提下，运用大小不同的母题、按照一定的比例关系从体块构成上做到主从搭配；注重人造环境与自然环境的尺度对比与协调；通过体块前后、高低、左右错动，以及材质对比等手法，形成建筑形体的虚实变化，形成与自然环境掩映、若实若虚的建筑形态。其次，有些地区的建筑形态还出于安全防御的目的。

在色彩的选择与搭配上，宜选用清淡、宁静、雅致的颜色，与自然环境交相辉映。除此外，还应以契合当地人宗教信仰、民族崇拜的颜色作为建筑立面与室内装饰色彩的首选。

在质感的塑造上，尽量选取天然材料，以取得与自然环境的有机融合。如天然石材造就了藏族民居的厚重与粗犷，天然竹材与木材造就了干栏民居的轻巧与通透等。

地域风貌塑造策略 表 4-7

建筑元素	涵盖内容	更新策略	
地域风貌	建筑形态	回应地形、地貌、气候、水文等自然因素	母体重复
			比例关系
			主从搭配
		安全防御	尺度协调
			虚实变化
			材质对比
	色彩	清淡、宁静、雅致的颜色与自然环境交相辉映	
		契合当地人宗教信仰、民族崇拜的颜色	
	质感	天然材料与自然环境的有机融合	

4.5.6 节约生态措施

首先，提倡节约措施。（1）节地。在满足功能需求的前提下，建筑平面布局时考虑节约土地，将功能相近的空间临近设置或上下设置，辅助空间如厨房、餐厅等临近主要空间，通过廊道连接，形成"一"字形、"L"形、"U"形、"口"字形等布局形式，与室外院落相结合；（2）节能。通过改善围护结构的保温隔热能力，节约空调用能。夏热冬冷地区在处理夏季遮阳与隔热问题时，根据气候条件，组织建筑空间与院落，以利形成穿堂风，并采取遮阳措施。利用可再生能源，如太阳能、生物质能等，增加房间冬季温度，节约空调用能与生活用能；（3）节材。优先选取当地富足的材料作为结构选型、围护结构等建筑主体的用材；尽可能选用土、木、竹、石等可再生材料；回收利用原有建筑的可再生材料；（4）节水。考虑采用雨水收集、中水回收系统。泉水丰富地区可考虑采取过滤设施，节约生活用水。

其次，设计良好的自然生态系统。将人、动物、植物、建筑作为整体进行设计，做到人工环境与自然环境两大生态系统的平衡。

再次，鼓励公众参与式设计。设计阶段，多与当地人沟通，了解并掌握其生活方式、传统习俗、宗教信仰等，在充分尊重当地人生活习惯的基础上进行方案设计。修改阶段，在参照当地人的意见的基础上进行方案调整。实施阶段，提倡当地人参与建造过程，可采取自建与联合建设的形式，增加对新建建筑的地域认同感与家园归属感。

节约生态措施策略 表 4-8

建筑元素	涵盖内容		更新策略
节约生态	节约措施	节地	将功能相近的空间临近设置或上下设置
		节能	改善围护结构的保温隔热能力
			组织建筑空间与院落，以利形成穿堂风，采取遮阳措施。
			利用可再生能源，如太阳能、生物质能等
		节材	当地富足的材料作为结构选型、围护结构等建筑主体的用材
			尽可能选用土、木、竹、石等可再生材料
			回收利用原有建筑的可再生材料
		节水	雨水收集、中水回收
			泉水过滤
	生态系统		将人、动物、植物、建筑作为整体进行设计，做到人工环境与自然环境两大生态系统的平衡
	公众参与	设计阶段	充分了解生活习惯
		修改阶段	参照意见合理化修改
		实施阶段	自建、联建等方式增加归属感与认同感

第5章 西部地域建筑基本属性关系及其更新步骤

在明确西部乡村地域建筑更新策略的基础上，随之而来的是如何运用这些策略进行地域建筑更新的问题。为创作真正意义上的地域建筑，这些策略的运用应当讲究一定的步骤。是并驾齐驱还是主次有序？本章将探讨更新策略的应用步骤问题。首先，涉及地域建筑基本属性关系的探讨。其中，试图借助系统论、心理学等跨学科理论进行属性关系分析。其次，在理论分析的基础上开展西部地区建筑基本属性关系的调查研究，以此确立地域建筑基本属性的关系。最后，在此基础上构建地域建筑更新的步骤，从而形成系统的西部乡村地域建筑更新方法。

5.1 系统论下的相关原理

钱学森先生曾说："什么是系统？系统就是由许多部分所组成的整体。"所谓系统是指由两个或两个以上的元素（要素）相互作用而形成的整体。所谓相互作用主要指非线性作用，它是系统存在的内在根据，是构成系统全部特性的基础。从系统科学的基本理论概念可以看到，系统是现实世界的普遍存在方式，任何一个事物都是一个系统，整个宇宙就是一个总系统。任何事物都通过相互作用而联系在一起，世界是一个普遍联系的整体。所谓系统观点也就是整体的观点、联系的观点。系统科学首先是关于普遍联系的科学。贝塔朗菲[①]指出，系统理论可以定义为"关于'整体'的一般科学"。在这个意义上，我们可以把系统科学看作辩证法普遍联系观点的具体化、科学化。

对于建筑物似乎也存在这样的系统。具象来说，建筑图纸是一个由平面图、立面图、剖面图、透视图、其他等一系列二维、三维图纸构成的完整图纸（如图5-1），意在从不同角度表达真实的建筑物现状。建筑物可认为是由基础、地面、墙体、屋顶、门窗、楼梯等组成的实际物体（如图5-2）。但从本质上说，建筑之所以为人所用，被人接受，是因为它之所以称之为"建筑"所具有的各项性能在发挥作用（如图5-3）。例如，提供住所的能力，遮风挡雨的能力，作为艺术品被众人欣赏和品评的能力，以及作为城市或地区的标志的能力等等。单独看待这些能力，都是源自建筑的某种性能在发挥功能。这些性能可以被看作是要素或部分，它们之间脱离不了其他要素的存在。如果建筑不具备使用功能，而仅仅具有欣赏性，那它就不能称为建筑而应该是雕塑或其他。正因为各项性能在一起综合发挥作用才使得建筑成为一个既具备使用功能，又具备观赏价值的复杂的系统。

---

① L·V·贝塔朗菲：理论生物学家、一般系统论的主要创始人，是二十世纪杰出的科学家和哲学家。早在二十年代，他提出机体生物学（亦称机体系统理论）；1937年他首先口头提出一般系统论基本思想；1945年发表一般系统论的创立宣言——《关于一般系统论》一文。

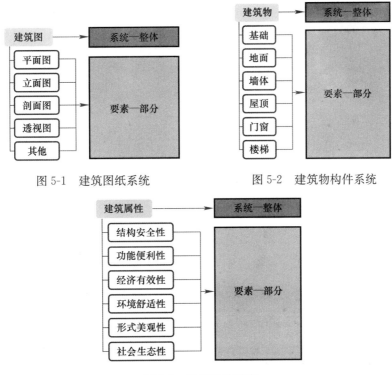

图 5-1　建筑图纸系统　　　　　图 5-2　建筑物构件系统

图 5-3　建筑属性系统

5.1.1　系统整体性原理

系统整体性原理[①]是指，系统是由若干要素组成的具有一定新功能的有机整体，各个作为子单元的要素一旦组成系统整体，就具有独立要素所不具有的性质和功能，形成了新的系统的质的规定性，从而表现出整体的性质和功能不等于各个要素的性质和功能的简单加和。

系统是由要素组成，整体是由部分组成。在建筑及其基本属性的关系中，建筑可以被视为系统，因此具备整体性；各项基本属性成为组成建筑这一系统的要素，具有部分的特征。系统中要素之间是由于相互作用联系起来的。结构安全、功能便利、经济有效、环境舒适、形式美观、社会生态等各项性能之间存在着相互作用与联系。建筑结构既可以起到支撑的作用还可以显示出建筑的"骨骼"美，从某种程度上来说也是展示形式美的一种手段；功能的便利性首先要求建筑空间在尺度上满足人的使用需求，这与室内空间的尺度舒适性达到一致的要求；经济有效，从个人角度出发，要求减少前期个人的经济投入，但从长远的角度看，有时在建筑初期的高投入能够带来对自然环境较小的破坏，对社会生态的持久发展具有推动作用，是减少社会经济投入的有效方式。例如，在太阳能富集地区建设带有阳光间的住宅，由此带来的经济投入肯定大于不建阳光间的费用。但是，利用阳光间给房间内增加温度，节省了冬季采暖对不可再生能源的消耗。因此，经济有效与社会生态方面也存在着一定的联系。可见，建筑属性之间存在着千丝万缕的联系，这些元素相互作

①　魏宏森，曾国屏．系统论——系统科学哲学［M］．北京：清华大学出版社．1995：201.

用的情况不同，即元素作用顺序、大小不同，使得作为整体的建筑表现出不同的特征，形成了建筑系统的新的质的规定性。正是由于系统中的非线性相互作用，使得系统具有了整体性。由此进一步证明属性间相互作用形成的建筑整体。整体的相互作用不等于部分相互作用的简单叠加，部分不可能在不对整体造成影响的情况下从整体中分离出来，各个部分处于有机的复杂的联系之中，每一个部分都是相互影响、相互制约的。因此，每一部分都影响着整体，整体又制约着部分。[①]

5.1.2　系统目的性原理

目的，是人或动物的一种行为或意图。系统的目的性原理[②]指的是，组织系统在与环境的相互作用中，在一定范围内其发展变化不受或少受条件变化或途径经历的影响，坚持表现出某种趋向预先确定的状态的特性。目的性原则，就是研究任何一个系统所趋向或所追求的目标，并采取相应的手段和方法促使该目标实现。

前文的论述中，我们认为建筑是一个复杂的系统，它的存在必然体现着某些意图与倾向，因此具备一定的目的性。那么，作为要素的建筑基本属性，为了实现系统的目标，它们之间也一定存在着某种权重关系。例如，远古时期的人类为了找到安身立命之所，搭建棚屋、挖凿地穴等，那时人类对建筑功能的追求远远胜于对其外在形式的关注。第一、二次世界大战后，欧洲国家对住宅的大量需求也反映了人们对建筑功能的热衷，才会出现沙利文所谓的"形式追随功能"的划时代的口号。这两种现象的出现，都表明了在那些时期，建筑作为系统，其目的就是为满足人们对建筑的功能需求，因此，与其他属性相比，功能便利性在很大程度上起决定性作用。这也说明系统为了实现不同的目标，要素之间必然会出现孰轻孰重的先后顺序。

5.1.3　结构功能相关律

结构和功能是系统普遍存在的两种即相互区别又相互联系的基本属性。

系统结构[③]是系统内部各个组成要素之间的相对稳定的联系方式、组织秩序及其时空关系的内在表现形式。系统的结构取决于系统之中的要素、由这些要素联系形成的关系及其表现形式的综合，并由这样的综合导致了系统的一种整体性的规定。结构概念并非仅仅是空间排列和分布，更为重要的是强调系统之中的要素之间的关系，即其间的相互联系、相互作用。既然建筑可以被视为一个系统，那么它就具有系统的一些特征与规律。作为系统的各个要素，建筑基本属性之间必然存在着某种结构关系。它们之间到底存在着怎样的结构关系？是并列关系（如图 5-4）、递进关系（如图 5-5）、层级关系还是更为复杂的其他关系？在系统目的性驱使下，为了使建筑这一系统发挥最大优势，面对我国西部地区特殊的自然地理、传统文化、经济技术等背景，探索建筑基本属性间的结构关系问题是本文的研究重点。

---

① 魏宏森，曾国屏. 系统论——系统科学哲学［M］. 北京：清华大学出版社. 1995：204.
② 魏宏森，曾国屏. 系统论——系统科学哲学［M］. 北京：清华大学出版社. 1995：206.
③ 魏宏森，曾国屏. 系统论——系统科学哲学［M］. 北京：清华大学出版社. 1995：210.

图 5-4　建筑属性的并列关系

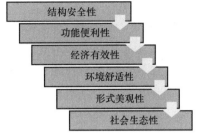

图 5-5　建筑属性递进关系

系统功能[①]是系统整体与环境介质进行物质、能量、信息交换的秩序、功效和能力的描述（如图 5-6），是系统内部相对稳定的联系方式、组织秩序及时空形式的外在表现形式。建筑各项基本性能的具备，及其在一定结构关系的作用下，使建筑对外界呈现出不同的倾向，具备不同的功能。

图 5-6　系统功能图示

图片来源：邹珊刚，黄麟雏，李继宗，苏子仪，马名驹，朴昌根. 系统科学［M］. 上海：上海人民出版社，1987：113.

系统中众多要素的分布并不均匀，它们所处的地位并不平等，它们之间的相互作用参差不齐，因此具备不同的系统结构。对于建筑属性而言，它们之间的重要性并不一致，在地域建筑使用过程中各项性能发挥的作用也各不相同。即便不同的结构关系作用于同一系统，也必然使其具备不同的功能。因此，尽管几项基本性能不变，如果他们之间的结构关系出现变化，必然使建筑呈现出不同的面貌。例如，在现代主义时期，由于对建筑功能的高度重视，忽略了环境舒适与形式美观等属性，尽管有其历史必然性，但导致当时的建筑在形态、材质上出现趋同现象，尤以国际式风格的玻璃盒子为典型代表。这远不同于古典时期的建筑面貌，当时的建筑明显在造型与材质上强调政治意义、追求贵族气质。因此完全不同于现代建筑风格。尽管这两个时期由于经济、政治、文化、社会生产力迥异可能带来建筑面貌上的差异，但究其本质，建筑属性间结构关系的差别是导致这一差异的直接原因。

系统结构是系统功能的基础，只有系统结构的合理，系统才能具有良好的功能。因此，要对系统进行结构优化。对于西部地域建筑而言，应该对现存在建筑属性间结构关系进行梳理、归纳与优化处理，才能创作出真正属于该地区的建筑模式。

5.1.4　优化演化律

系统处于不断地演化之中，优化在演化中得到实现，从而展现了系统的发展变化，此即优化演化律。

演化与存在是一对相对应的范畴，演化标志着事物和系统的运动、发展和变化，而存在反映事物和系统的静止、恒常和不变。优化是系统演化的进步方面，是在一定条件

---

① 邹珊刚，黄麟雏，李继宗，苏子仪，马名驹，朴昌根. 系统科学［M］. 上海：上海人民出版社，1987：114.

下对于系统的组织、结构和功能的改进，从而实现耗散最小而效率最高、效益最大的过程。

在控制论领域，由于控制规律不同，实现从初态到另一种状态，可以由不同的轨迹来完成，这就要求从多种可能的轨线中选择最优的轨线，在确保系统实现状态转移的同时，获得某种性能指标的最佳值。寻求最优控制是现代控制理论的突出特点之一。

从对建筑这一系统看，基本属性可划归为满足人的生理（如安全的庇护、空间的利用等）、心理（如审美的需求、感官的需求等）、社会等三个层面的需求。从满足人的生理需要这一初态到实现社会需要这一终态，可以遵从不同的演化发展轨迹。但是，在众多发展轨线中必然存在最优选择。因此，本文就是寻求建筑基本属性在满足人、社会的各项需求时的最优化组合方式，以此作为我国西部地区建筑模式更新的基本原理。正是因为在遵循人的发展规律的基础上结合社会发展规律，因此这样的更新才是从本质上对地域建筑的继承与发展。

尽管研究的对象是建筑，但鉴于涉及人的需求满足问题，因此，下文在寻求建筑系统结构及其优化的过程中借助已有的心理学"需要层次论"来进行讨论。

5.2　心理学中的"需求层级"理论

5.2.1　动机理论

美国人本主义心理学家亚伯拉罕·马斯洛认为，人是一种不断需求的动物，除短暂的时间外，极少达到完全满足的状态。一个欲望满足后，另一个迅速出现并取代它的位置，当这个被满足了，又会有一个站到突出的位置上来。人总是在希望着什么，这是贯穿人的整个一生的特点。这就是动机理论[①]。该理论研究的基础是以人为中心，而非以动物为中心。

我们似乎感觉到人对建筑的需要也存在着类似的状态。当基本属性之一满足人对建筑的需求后，另一个属性就成为人们渴望的对象。而当这个属性被满足后，人的需求又转向另外的属性。并且，马斯洛发现：（1）人类只能以相对或者递进（one-step-a-long-the-path-fashion）的方式得到满足；（2）需求似乎按照某种优势等级、层次，自动排序。

5.2.2　需求层级理论

关于马斯洛的"需求层级理论"[②] 目前存在两种说法：（1）他把需求分成生理需求、安全需求、社交需求、尊重需求、和自我实现需求五类，这五类需求依次由较低层次到较高层次排列（如图 5-7）；（2）在这前五类的基础上增加了自我超越和大我实现两类需求层次，仍然按照由低到高的层级递进。后一种提法是后人根据马斯洛生前对"认知需要"和

---

① 本部分参照"（美）亚伯拉罕·马斯洛. 动机与人格［M］. 许金声等译. 北京：中国人民大学出版社，2007：3-17."内容。

② 本部分参照"（美）亚伯拉罕·马斯洛. 动机与人格［M］. 许金声等译. 北京：中国人民大学出版社，2007：18-30."内容。

"审美需要"的理解和发展，是对基本需要的补充
与完善。两种说法并不矛盾，而且遵循同一层级
关系。同时，本文将要学习和借鉴的是搭建层级
关系的原理与过程，并非结果，因此选取何种说
法对建筑基本属性结构关系的建立并无直接影响。
笔者在论文行文中暂且按照传统的第一种说法来
阐释各层次需要的基本含义及其层级关系。

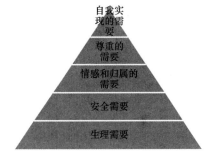

图 5-7　马斯洛的需要层次论
图片来源：根据"马斯洛需求层次论"作者绘制

生理需要。这是人类维持自身生存的最基本
要求，包括对以下事物的需求：呼吸、水、食物、
睡眠、生理平衡、分泌、性。如果这些需要（除性以外）任何一项得不到满足，人类个人
的生理机能就无法正常运转。换而言之，人类的生命就会因此受到威胁。在这个意义上
说，生理需要是推动人们行动最首要的动力，在所有需要中占绝对优势。马斯洛认为，只
有这些最基本的需要满足到维持生存所必需的程度后，其他的需要才能成为新的激励因
素，而到了此时，这些已相对满足的需要也就不再成为激励因素了。

安全需要。如果生理需要相对充分地得到满足，接着就会出现一整套新的需要，大致
可归纳为安全类型的需要，其中包括：安全、稳定、依赖、保护、免收恐吓、焦躁和混乱
的折磨、对体制的需要、对秩序的需要、对法律的需要、对界限的需要以及对保护者实力
的要求等。马斯洛认为，整个有机体是一个追求安全的机制，人的感受器官、效应器官、
智能和其他能量主要是寻求安全的工具，甚至可以把科学和人生观都看成是满足安全需要
的一部分。当然，当这种需要一旦相对满足后，也就不再成为激励因素了。

情感和归属的需要。如果生理需要和安全需要都得到很好的满足，爱、感情和归属的
需要就会产生，并且以此为中心。这一层次包括对以下事物的需求：友情、爱情、性亲
密。人人都希望得到相互的关系和照顾。感情上的需要比生理上的需要来的细致，它和一
个人的生理特性、经历、教育、宗教信仰都有关系。

尊重的需要。除了少数病态的人之外，社会上所有的人都有一种获得对自己的稳定
的、牢固不变的、通常较高的评价的需要或欲望，即一种对于自尊、自重和来自他人的尊
重的需要或欲望。这种需要可以分为两类：第一，对实力、成就、权能、优势、胜任以及
面对世界时的自信、独立和自由等的欲望；第二，对名誉或威信（来自他人对自己的尊敬
或尊重）的欲望，对地位、声望、荣誉、支配、公认、注意、重要性、高贵或赞赏等的欲
望。马斯洛认为，尊重需要得到满足，能使人对自己充满信心，对社会满腔热情，体验到
自己活着的用处和价值。

自我实现的需要。即使以上这些需要都得到满足，仍然会有新的不满足和不安往往又
将迅速地发展起来，除非个人正在从事着自己所适合干的事情。该层次包括对以下事物的
需求：道德、创造力、自觉性、问题解决能力、公正度、接受现实能力。这是最高层次的
需要，它是指实现个人理想、抱负，发挥个人的能力到最大程度，达到自我实现境界的人，
接受自己也接受他人，解决问题能力增强，自觉性提高，善于独立处事，要求不受打扰地独
处，完成与自己的能力相称的一切事情的需要。也就是说，人必须干称职的工作，这样才会
使他们感到最大的快乐。马斯洛提出，为满足自我实现需要所采取的途径是因人而异的。
自我实现的需要是在努力实现自己的潜力，使自己越来越成为自己所期望的人物。

　　一个人生理上迫切的需要得到满足之后，才能专心去确保他的安全；只有在基本的安全感得到之后，跟别人的相属关系和爱才能得到其充分的发展；一个人对爱的需要的适度满足，追求被尊重和自尊才能充分施展。在所有前四级水平的需要相继达到了，自我实现的倾向才能达到其顶点。

　　一般来说，某一层次的需要相对满足了，就会向高一层次发展，追求更高一层次的需要就成为驱使行为的动力。相应的，获得基本满足的需要就不再是一股激励力量。任何一种需要都不会因为更高层次需要的发展而消失。各层次的需要相互依赖和重叠，高层次的需要发展后，低层次的需要仍然存在，只是对行为影响的程度大大减小。

5.2.3　"需求层级理论"对建筑系统结构关系的启示

　　从马斯洛"人的需求层级理论"中，我们知道生理需要是推动人们行动最首要的动力，在所有需要中占绝对优势。那么，在建筑性能所能满足的人类需求中，相比较而言，安全稳定性正是建筑所能满足人们的生理要求的具体体现之一。因为一座建筑的坚固程度表明了它存在与否，能否作为一个实体发挥其应有的作用。正如生理需要是维持人类自身生存的最基本要求一样，建筑的安全属性是人类建造建筑首要满足的条件。换言之，其他一切属性都无需求的意义。无论什么流派，什么思潮，什么手法，什么类型的建筑，结构安全性都是第一位最坚实的基础，没有安全的结构支撑就不可能在更高的层面上谈及空间、功能、形式等其他性能。在这里借用马斯洛的观点，只有这些最基本的需要满足到维持生存所必需的程度后，其他的需要才能成为新的激励因素，而到了此时，这些已相对满足的需要也就不再成为激励因素了。

　　在安全需要相对充分地满足后，就会出现基于安全之上的需求。这一需求仍然停留在建筑对人的生理需求的满足上，不过是比安全这一需求更高一层级而已。在满足了安全稳定的性能之后，人们就会想着如何利用建筑空间使其服务于人类的生产生活，标志着这个服务程度好坏与否的就是有关建筑功能的便利程度。从生理角度来说它会使人们对建筑空间的利用更加便捷或更受阻碍。建筑功能的合理与否是基于建筑安全稳定存在的前提下的第二位要求，换言之，在安全性之上可能存在功能合理与不合理导致的便利程度的差异，但我们不可能在建筑倒塌的情况下谈论建筑功能的合理与否。我们首先需要的是一个安全的庇护所，才会考虑它是否方便使用。诚然，建筑的出现确实源于人类对某种空间需求的渴望，但是安身立命之根本是对人身安全性的要求。正如暴风雨交加的夜晚，路人希望遇到的是一个可以遮风避雨的场所，哪怕仅仅是一个破旧的茅棚，而不会考虑它是否还具有其他功能。在结构安全与功能便利在建筑系统中的先后关系明确后，需要强调的是，不是只有现代主义时期才强调功能的重要地位，地域建筑同样重视其作用的发挥。正如曹亮功在"建筑地域性的解析与实践——粤海铁路海口站建筑设计"中指出的那样，"建筑的地域性不应被误认为是单纯的建筑形式问题，它首先是建筑功能需求的特殊性，其次是对气候特点的适应技术的体现，而建筑形式的特色仅是上述两个方面长久适应所形成的富有艺术和文化含意的表达。"[①] 我们在这里强调的建筑功能，与现代主义所谓的"功能"内涵相同，但对其的重视程度不同。我们摒弃了现代主义建筑那种功能至上的倾向，转为从建筑

---

　　① 曹亮功. 建筑地域性的解析与实践——粤海铁路海口站建筑设计 [J]. 建筑学报，2003，（4）：24.

出现的本源出发,依从人在不同时期、不同处境下对建筑的需求合理安排功能被满足的次序。

同样,当建筑建立在结构安全、功能便利的基础上,这两种属性就不再成为人们对建筑需求的激励因素了。于是,建筑成本的高昂与低廉这一实际客观因素就有可能出现,成为人们建房间数多少、选用设施优劣、装修档次高低等等的影响因素。同时,还可能出现另一种需求,即对室内环境舒适度的要求。这种需求的出现,是从人体的舒适、健康甚至节约经济和能源的角度出发,认为在设计阶段就注意创造出适宜人生活、工作的室内声、光、热环境,对建成后的运行成本是一种节约,对建成后由于设计阶段的缺陷造成的空调、采暖能耗过高也是一种节约。之所以在该层级出现这两种分歧,很大程度上是由于个人意识、经济收入等因素在影响人的决策。尽管西部地区经济水平、受教育水平、文化水平整体落后,但仍存在个体差异,因此两种属性的出现都有其充分理由。建造成本的经济性是任何建筑不得不考虑的指标因素之一,但是我们不可能在以安全和方便为代价的前提下一味要求造价的低廉;如无特殊情况,也不可能在不计造价的前提下一味要求建筑的个性和奢靡。如果在经济不合理的情况下,一味追求建筑的其他性能,从人的需求角度而言是不现实的。因此,只有当经济的合理性被满足时,才会出现更高的需求。同样,室内环境舒适与否是基于房屋坚固,空间符合使用习惯之上的又一层级需要,从它包括的物理环境要素与室内空间大小、形状、尺度、装饰等内涵中我们不难看出,它兼顾了生理、心理需求的满足,是基本属性从生理需求向心理需求过渡的阶层。因此,在此满足环境舒适性也毋庸置疑。

当结构安全、功能便利、成本经济、环境舒适的建筑出现在眼前时,人们还会对建筑的什么性能进行创造性发挥和想象。如果说上述属性中的前两项是建筑满足的人的生理要求,而成本经济是为满足生理要求提供的物质基础的话,这三项指标就成为建筑能否建成的标志,那么舒适程度、美观与否则成为建筑设计优劣的标志。与环境舒适这一既满足生理需要又满足心理需要的建筑属性相比,建筑的形式美问题更倾向于对个人心理需求的满足和由于长期留存产生的社会效应。正是由于"建筑的根本目的是在物质的基础上运用艺术的手段,构筑理想的生存空间,使人类的生活更美好"[①],因此,人们对建筑基本属性的追求永远不会仅停留在生理需要的满足上。在满足了物质性能的基础上,又会出现精神享受的渴望。正如马克思的"物质-精神"理论,只有在物质条件极大丰富的前提下,精神智慧才能发挥出相应的作用。此时,以实体艺术为特征的建筑的形式美问题成为人们对建筑需求的新方向。新的审美情趣的出现,标志着建筑基本的安全、便利、经济、舒适性能已相对满足,并且已不再成为激励因素。而此时的造型构思、材质选择、色彩搭配、细部处理等无疑不被设计师所重视,逐一满足人应时代趋势对建筑审美要求的变化。

正如马斯洛所认为的那样,即使生理、安全、情感和归属、尊重等这些需要都得到满足,仍然会有新的不满足和不安又迅速地发展起来一样,建筑需求也呈现出在满足安全、便利、经济、舒适、美观等个人需要后,还应根据时代发展考虑社会需求,这才是符合人的发展规律的真正意义上的人与社会协调发展。针对当前环境日益恶化的现状,使建筑朝生态化发展成为因时之举。生态化成为社会发展的必然需要,是建筑满足社会需求的最高表现形式,它贯穿于设计的各个阶段,也是设计的最终目标,更是社会需求与个体责任的共同

---

① 夏明,武云霞. 地域特征与上海城市更新 [M]. 北京:中国建筑工业出版社,2010:8.

载体。因此，社会生态性成为建筑属性中最高的追求目标。但是当人的生理、心理需求还未满足的情况下，一味追求社会需求，即建筑因外力而倒塌，空间使用不便，成本高昂，环境恶劣，甚或是形式糟糕的前提下仅注重生态性能的满足情况，相信这在现实中是不可行的。

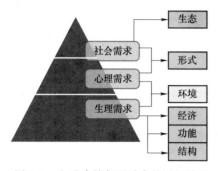

图 5-8 人对建筑各项需求的层级关系以及需求对应的建筑基本属性

从上述对建筑系统各元素的分析中，我们对各属性与人的需求进行了对位，如结构安全、功能便利是为满足人的生理需求，经济有效是满足生理需求的物质基础，环境舒适兼顾了生理、心理双重内涵，形式美观涉及个人与社会两个层面，社会生态自不用说隶属于社会需求的范畴。参照马斯洛的需求层次论，笔者认为，人对建筑的需求大致可划归为生理需求，即物质阶段的满足；心理需求，即精神层面的满足；以及社会满足。根据人的发展规律，这三种需求按照由低到高的顺序依次排列，即生理需求→心理需求→社会需求（如图 5-8）。根据这一层级关系，尽管前文在对建筑基本属性满足人需求的基础上也进行思路整理，但在具体细节上仍有模糊和不明确之处。在上述理论分析的基础上，为了使属性间关系更加明确，利于研究与创作，笔者对我国广大西部地区乡村建筑的使用者进行访问与调查。

5.3 西部地域建筑基本属性关系的调查验证

5.3.1 西部地区环境

1. 自然环境

（1）地形地貌、气候及自然灾害

我国西部地区地域广阔，经向和纬向的跨度都很大，除广西以外其他均地处内陆，地形、地貌类型复杂多样，集中分布着我国几个主要的高原和盆地，自然条件差异非常大。中国地势大体上是西高东低，北多平原，南多丘陵。西部地区集中了中国主要的大山、高原、沙漠、冰川以及永久性积雪，构成了西部地区地质地貌的复杂性和特殊性，西部地区80％以上的贫困县分布在这样的特殊自然环境中。

西部地区的气候受季风的影响很强烈，寒、暖、干、湿的季节变化很大。冬季寒冷干燥，夏季炎热多雨，春秋为冬夏两种季风交替时期，天气多变，各种气候分子时空分布不均。西部地区是干旱、高寒等灾害发生率最高的地区，一般常见的有洪、霜、雹、病等多种自然灾害。西部地区山区较多，容易发生地质灾害。据统计，西部地区泥石流、滑坡等自然灾害占到全国的70％。灾害每年造成600多人死亡，直接经济损失20亿元人民币。同时，西部地区地震灾害也较频繁。

（2）生态环境

西部地区生态环境极其脆弱，主要表现在[①]：（1）土地沙质荒漠化趋势日益严重。中

---

① 国家发展计划委员会政策法规司. 西部大开发战略研究［M］. 北京：中国物价出版社，2002：257-262.

国的沙漠主要分布在西部地区，尤其是沙漠及沙化土地主要分布在宁夏、甘肃、新疆、青海、内蒙古等省、自治区。西部地区沙漠和沙漠化土地面积呈现出不断扩大态势，每年扩大面积相当于中国一个中等县；（2）水资源分布不均。尽管西北地区人均水资源量高于国际标准，但是相当部分的水资源是难以利用或无法利用的，对于人口密集区，水资源仍十分紧缺。西南地区水资源状况虽好于西北地区，但喀斯特地形的持水保水能力差，水资源供需矛盾尖锐；（3）水土流失严重。西部地区是中国水土流失的重灾区，其中长江上游和珠江上游的石灰岩山区和泥石流山区、甘肃的陇东黄土高原、宁夏回族自治区 2/3 的南部山区都是水土流失严重地区。随着自然环境的衰退，这些地区水土流失面积正在不断扩大；（4）森林草原生态资源破坏严重。中国一半以上的草原、西南国有林区、部分南方集体林区都分布在西部地区，但资源退化严重，西部地区森林资源覆盖率远低于全国水平，草场退化率高出全国 19.79％ 的平均水平，新疆草场退化率高达 90％ 以上，甘肃、青海等省的草场退化率也在 50％ 左右。

2. 社会与文化环境

西部地区不仅城市化率低于全国水平，其城市化的推进速度也慢于全国，以城市总人口比重来衡量，1988 年至 1998 年，全国从 27.7％ 上升至 44.5％，西部地区从 19.7％ 上升到 30.4％，西部地区与全国城市化速度的差距大于 30％[①]。从城市数量衡量，中国现有城市 668 个，70％ 以上是 1978 年新增设的。从 1979 至 1997 年，西部地区年均增加城市数 4.5 个，占全国年均增个数的 17％，占东部地区的 34.9％。

西部地区大部分位于我国的边疆，是少数民族的聚居区。聚居着 55 个少数民族中的绝大部分。2000 年西部地区民族人口 7654 万人，占全国少数民族人口的 71.9％[②]。目前中国 635 个少数民族县，其中有 596 个在西部地区。西部少数民族主要分布在西部的山区、风沙化地区和干旱地区。

文化教育滞后，科技水平低下。1998 年西部地区人口中具有大专以上文化程度的只占总人口的 2.3％，比东部地区低 2.3 个百分点。每百万人口毕业大学生 1.5 万人，相当于全国平均水平的 1/3。由文化教育滞后带来的科技水平低下，2000 年西部地区专利批准量和技术市场成交额分别相当于全国的 9.8％ 和 12％。

3. 经济状况

中国西部地区拥有全国 56.8％ 的土地面积和 22.9％ 的人口。改革开放以来，我国各地区经济都取得长足发展，经济实力显著增加，人民生活水平明显提高。但由于各种因素影响，西部地区经济发展相对缓慢，与中部特别是东部地区的差距逐步拉大，地区发展不平衡的矛盾明显加剧。2001 年，西部地区国内生产总值为 14329 亿元，占全国的 13.5％，仅相当于东部地区的 22.6％。[③]

中国西部以非平原面积为主，西部十二省、自治区、直辖市平均，平原面积比重不超过 7％，却承载着 3.6 亿人口。除去自然条件过于严酷的高寒和荒漠地区，西部以高山和丘陵为主的地带，每平方公里承载的人口超过 100 人，高于联合国规定的每平方公里 60

---

① 国家发展计划委员会政策法规司. 西部大开发战略研究 ［M］. 北京：中国物价出版社，2002：536.
② 国家发展计划委员会政策法规司. 西部大开发战略研究 ［M］. 北京：中国物价出版社，2002：173.
③ 国家发展计划委员会政策法规司. 西部大开发战略研究 ［M］. 北京：中国物价出版社，2002：70-71.

人的国土最高承载标准。因此，中国西部地区人口对自然与生态环境的巨大压力使得西部地区成为中国贫困人口最为密集的地区。

中国改革开放以来，西部地区与沿海和中部地区的经济发展差距逐渐拉大，当东、中部地区贫困人口迅速减少的时候，西部贫困人口的下降速度却显著低于东、中部地区。西部地区生态贫困现象严重，其贫困人口数量占全国的比重超过 50%，贫困发生率高达15%～20%。而贫困带来的过度开发又进一步加剧了生态退化，形成恶性循环。

综上所述，西部地区水土流失、土地荒漠化非常严重，水资源日益匮乏，生物多样性逐渐消失，沙尘暴频率不断加大、影响范围逐步扩展。同时，社会经济发展落后，人地矛盾异常尖锐，城镇化水平低，教育与科技水平低，贫困问题严重。严峻的环境问题、经济问题、人口问题及贫困问题交织在一起，使得环境恶化愈演愈烈。中国环保总局某负责人在谈到环境污染时指出，中国当前环境污染最严重的并不是富裕的沿海城市，而是贫困的西部地区。这些地区为沿海地区的发展输出资源、承担生态破坏的成本，却没有得到相应的补偿，形成贫困和污染纠缠在一起的恶性循环。

5.3.2　西部地域建筑属性关系的调查验证

在前述理论对建筑基本属性关系分析的基础上，基于我国西部地区具体环境，通过对我国西南乡村地区进行走访，就新建建筑满足人们使用需求的先后顺序进行调查统计，时间范围从 2008 年 8 月持续至 2011 年 5 月。其中包括彭州市通济镇大坪村，绵阳市三台县文台乡四村，内江市资中县配龙镇枣树村，成都市蒲江县鹤山镇梨山村。共计发放问卷 75份，收回问卷 73 份，有效问卷 73 份。统计数据显示（如图 5-9，图 5-10），70% 的人认为结构安全性在建筑基本属性中排位第一（如图 5-10a），这个比例占据绝对优势。41% 的人认为功能便利性排位第二（如图 5-10b），与 21% 的经济有效性、15% 的环境舒适性和14% 的结构安全性相比，远远超出，因此第二位非"功能"莫属。排位第三的有几组比较接近的数据（如图 5-10c），29% 的人应该满足经济有效性，27% 的人认为是环境舒适性，22% 的人认为是功能便利性。这里首先排除功能问题，因其已占据第二层级。在这一层级中说明，大部分人在环境与经济之间徘徊，这主要取决于地区和个人的经济水平。2% 的差别说明经济因素在西部地域建筑更新与建造中起着关键的决定性作用。在第四位属性中36% 的人选择了环境舒适性（如图 5-10d），说明在这一层级中，舒适性的满足程度成了人们关注的焦点。这也说明经济问题在之前的第三层级被满足过了。在第五层级中有 24 人选择了形式美观性（如图 5-10e），占到总人数的 33%。在其他大部分属性满足的前提下，此时出现的属性还有社会生态性，占到总人数的 24%，以 9% 的比例略逊于形式属性。最后一位满足的属性被公认为是社会生态性，有 51% 的人在第六层级选择了生态环保属性。从图 5-10 可知，尽管在这一层级属性的满足中，也有 34% 的人认为应该是建筑的形式美问题，与第五层级的 33% 比例相比还高出一个百分点，这说明人们对建筑的形式问题、生态问题的考虑都集中在第五、第六层级。但是在第六层级有超过半数的人对生态性的关注，可见生态属性成为人们最后才看重的问题。

根据数据统计结果，我们明确了西部地区乡村建筑使用者们对建筑基本属性的需求遵从结构安全→功能便利→经济有效→环境舒适→形式美观→社会生态的顺序。综合前文对几项基本属性排序的理论分析，笔者得到如图 5-11 的建筑基本属性层级关系。

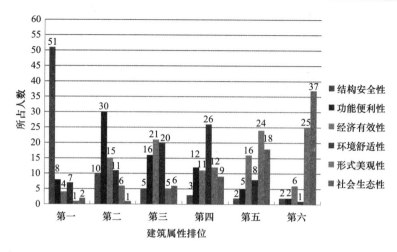

图 5-9 西部乡村地区建筑属性需求的调查统计

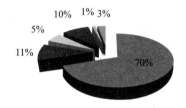

(a)

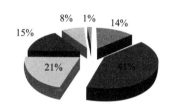

(b)

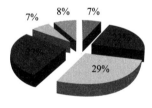

(c)

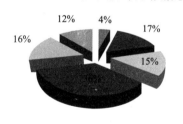

(d)

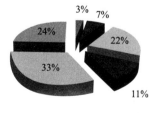

(e)

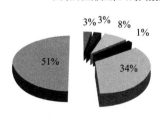

(f)

图 5-10 西部乡村人群对建筑属性排位的分布比例

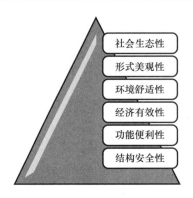

图 5-11　西部地域建筑基本属性关系调研结果

5.4　西部地域建筑基本属性关系的确立

5.4.1　西部地域建筑属性层级关系

　　通过理论分析，不难看出人对建筑属性的需求遵从生理、心理、社会这一层级关系。其中，结构安全、功能便利是建筑满足人的生理需求；经济有效是生理需求实现的物质基础；环境舒适兼顾了生理与心理双重因素，是从生理需求向心理需求的过渡阶层；形式美观是从心理需求向社会需求的过渡；社会生态成为最终的实现目标。通过建筑属性与人对建筑需求两者的对位关系（如图 5-12），在大量的走访调查的基础上明确了建筑属性的先后次序，尤其是经济有效性与环境舒适性在第三层级中孰轻孰重的问题。于是得到适合于西部地区实际情况的乡村建筑属性层级关系（如图 5-13）。在结构安全、功能便利基础上，对于我国西部偏远地区而言，成本经济比环境舒适更为人们所看重，成为制约建房的关键因素。即便设计人员试图为住户创造舒适、健康、宜人的生活环境，但也不能忽略使用者的经济承受能力这一建房的支撑因素。因此，对西部乡村村民而言，经济问题应该置于舒适度之前满足。对于房子的样式、色彩，成为自然因素与文化因素（传统习俗与现代文明）综合作用于人们意识在建筑上的直观反映，不管考虑不考虑人工环境的持久存在和发展问题，形式美是建筑自古至今不得不论及的内容。由于西部地区经济水平低下，人们受教育机会少、时间短，文化水平不高，对人—建筑—环境三者的关系问题还未形成清晰明确的认识，造成环境保护意识薄弱的现状。因此，最后才考虑建筑的生态属性，不足为奇。

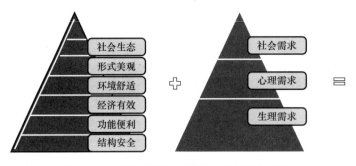

图 5-12　建筑属性与人的需求对位叠合过程

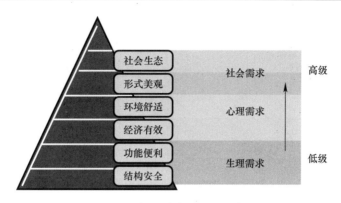

图 5-13　西部地域建筑属性层级关系

5.4.2　地域建筑属性实现的状态

通过借助马斯洛需要层级理论，上文对建筑基本属性进行类似的层级建构与描述。大部分人会不假思索地认为一个需要必须 100％地得到满足，之后的需要才会出现。即人对建筑属性的要求是在 100％地满足结构安全后才会出现对功能的要求，在功能 100％达到要求后才会出现经济的要求，以此类推，直至实现最后的要求。事实上，并非如此。人们在考虑建房因素时，首先考虑的是结构安全问题，但并不代表完全忽略建筑其他属性，只是那些属性此时并没有成为决定性因素，暗藏在结构属性之下。当结构属性已被满足到一定程度（这里无法准确度量满足的百分数）后，人们对功能的要求逐渐加剧，直至到达第二层级的顶点。当功能已经满足人们对生活便利要求的某一程度时，经济有效性开始攀登并达到顶峰。同样过程的逐级实现环境舒适、形式美观以及社会生态属性。

上述建筑属性的满足状态，在马斯洛的需要层次论中被佐证。对于社会中的大多数正常人来说，其全部基本需要都部分地得到了满足，同时又都在某种程度上未得到满足。每一低级的需要不一定要完全满足，较高级的需要才会出现，而是波浪式演进的状态，不同需要之中的优势是由一级渐进到另一级的。当一个新的需要在优势需要[①]（pre-potent need）满足后出现，这并不是一种突然的、跳跃的现象，而是缓慢地从无到有的过程。

正如"马斯洛的五种需要渐进曲线"（图 5-14），在第一层级，当结构要求被满足后，在后续几个层级中完全处于下降趋势。此时，功能需要处于攀爬趋势。在第二层级，功能到达顶点，之后就开始下降。经济性在第一、二层级中始终处于上升状态。在第三层级，经济性到达顶点，后开始下降。在前三层级属性实现的过程中，舒适性一直处于爬升状态，在第四层级到达顶峰，随后改为下降。建筑造型在前四层级中一直未能直接影响人的判断，到第五层级时成为左右人们的决定性因素。社会生态性在前五级中，一直处于低迷状态，虽有上升趋势，但不强劲。直到第六层级冲到顶点。类似的渐近曲线出现在马斯洛需要渐进曲线图中。

---

　　① 优势需要，即人同时存在有多种基本需要，但在不同的时候，各种基本需要对人的行为的支配力是不同的，在所有的基本需要中，对人的行为具有最大支配力的需要就是"优势需要"。如此我们可以说马斯洛的需要层次论讲的是"优势需要"的更替，而不是"需要"的更替。

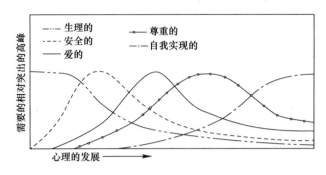

图 5-14　马斯洛的五种需要渐进曲线

图片来源：李道增. 环境行为学概论 [M]. 北京：清华大学出版社，1999.

5.4.3　地域建筑属性关系层级中的例外

在对我国西部地区建筑属性的层级关系进行深入研究与阐述的基础上，笔者认为仅就西部地区而言，那样的层级关系也不是一成不变的，可能还存在层级次序的变更。更何况与其他地区，可能还存在更大的差别。例如，笔者就建筑属性关系在西安地区进行调查。发放问卷 60 份，收回问卷 56 份，有效问卷 56 份。结果显示（如图 5-15，图 5-16）：第一、二层级仍维持了结构安全和功能便利的顺序。第三层级由环境舒适替代了原来的经济有效，说明人们对生存质量的要求提前了，这应该是在相对较高经济基础上实现的。在第四层级，更是以原来排位第六的生态属性取代了其他属性的出现，优先考虑了社会需求。这是由地区人群的收入水平与受教育水平综合作用的结果，说明目前人们已将自身与环境关系视为重中之重。第五层级出现了经济性与美观性并列的局势，最后一位才论及建筑的形式美属性。从这一对比中，我们看出了地区之间由于经济、教育、文化背景的不同而带来的属性需求的差异。这一属性层级中的例外在马斯洛的需要层次论中也得到了印证。尽管马斯洛认为人的五种需要像阶梯一样从低到高，按层次逐级递升，但还有例外情况，即这样的次序不是完全固定的，可以变化。例如，对于有些人来说，自尊似乎就比爱更重要。

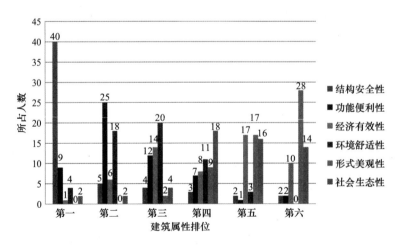

图 5-15　西部城市地区建筑属性需求的调查统计

5.4.4 地区差异与借鉴

在确立西部地域建筑属性层级关系的基础上，笔者认为根据地区差异可能存在层级上的变更。因此，上述建筑基本属性层级关系，不一定适用于其他地区，不能作为万能公式直接套用。但是，形成上述结果的过程和方法可以在其他地区运用，通过大量的调查研究，根据当地实际情况，建立适宜的建筑属性层级关系，成为地域建筑更新的原理与准则。之所以研究建筑属性及其关系，而不是地区形态或符号的差异，笔者意图

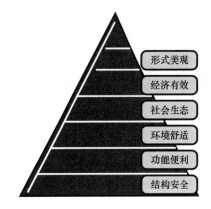

图 5-16　西部城市人群的建筑属性需求层级

在于从本质上说明建筑的发展确实是由其内在属性的层级关系所左右。之所以各地区建筑呈现出纷繁复杂的形态，正是由于建筑属性层级关系的差异所造成。这才是研究建筑基本属性的真正意义所在。对于创作阶段，摆脱眼花缭乱的形态与符号拼贴，抓住地域建筑长期存在并持久发展的核心极其有益。

实质上，建筑是人类生产、生活的载体，它承载着人们对物质环境、精神向往的空间及审美需求。探讨建筑基本属性间的层级关系，目的就是建构一种方法体系。它并非仅探讨外在形式，也不是只注重对场所、气候等条件的适应。因为那些都不是地域建筑真正的继承与发展。地域建筑的长久持续发展，应考虑建筑最本质的问题，即满足人的需求。在尊重人的发展规律，遵循人与社会和谐相处原则的基础上，从人的生理、心理需求出发，兼顾社会发展的需求，从本质上把握和引导地域建筑的现代化发展之路。这是地域建筑存在并长久发展的必然之路，也是西部乡村建筑目前及今后很长一段时期内在城镇化进程中，解决既存问题，创作新建筑的方式之一，也是乡村建筑现代化与地域化的一种可尝试的更新方法。

5.5 西部地域建筑的更新步骤

5.5.1 地域建筑基本属性关系在地区建筑更新中的重要意义

由于地区环境在自然、人文、经济技术等方面的差异，造就了不同区域的人们在考虑建房因素时必然存在对房屋属性要求的次序不同。如果按照人们对建筑属性的需求次序来进行地区建筑更新，那么，这不仅仅能够做到地域建筑本身所具备的适应气候、就地取材、满足当地居民生产生活方式、沿袭传统地域风貌等特征；更重要的是，通过人的需求的差异从本质上抓住了建筑的地区差异。依此逻辑创作的建筑才是真正意义上的属于各个地区的建筑。这种创作逻辑，不仅仅在于形式上继承，更重要的是，它在综合技术、艺术、社会等多维视角下，全面透视地区建筑的真正内涵。

5.5.2 西部地域建筑的更新步骤

通过 5.4.1 节的阐述，我们明确了西部乡村地区人们对建筑属性的要求大致遵从一定

的层级关系，即结构安全→功能便利→经济有效→环境舒适→形式美观→社会生态。由于地域建筑基本属性层级关系是依照不同地区的人们对建筑需求的不同层次建立起来的，因而，依此次序满足人的需求的建筑更具地域性。于是，西部地域建筑基本属性层级关系成为该地区建筑在更新阶段所应遵循的步骤与流程（如图 5-17）。

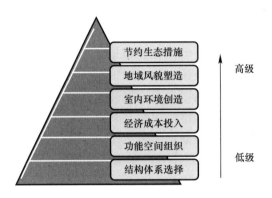

图 5-17　西部地域建筑更新步骤

基于 4.5 节笔者提出的西部乡村地域建筑的具体更新策略，依照如图 5-17 所示的步骤，从而构建起一套适用于西部地区的系统的地域建筑更新思路。

第6章　西部地域建筑绿色更新实践

我国西部广大乡村地区在城镇化发展过程中，面临的问题几乎相同，只是针对具体的地域环境可参照的自然、人文以及经济技术因素有所差异，因此，具体的结构体系、材料选择、建筑形态、装饰细部、适宜技术等的选取与设计存在差别，但解决类似问题的模式与步骤基本相同。因此，以一个具有西部地区共性的乡村建筑实践案例为代表，以点带面探讨上述理论在实际创作与建设中的运用问题。

本章从大坪村村落状况、地域建筑创作研究、示范工程实施方案、建设现状等几方面展开，其中在创作研究部分按照前文提出的更新步骤，运用具体的更新策略进行新建建筑创作研究，并落实于具体的实施方案。示范工程完工后，通过对地域建筑基本属性及其层级关系进行主观调查与客观测试，根据评价结果验证前文理论。

6.1　建设缘由与实施步骤

6.1.1　建设缘由

1. 生产生活方式的改变

随城镇化发展，越来越多的年轻人走出大山，走入城市谋生。随着乡村人口城镇化发展趋势，村民对城市生活的渴望和追求最直观地体现在给传统居住空间添置电视机、电冰箱、电话、洗衣机等现代化家用电器，同时要求独立的洗浴与卫生设施和空间。除此外，现代通信设备的普及，使得移动电话、网络等通信手段成为村民们了解外面世界的方式。由此，生产与生活方式发生极大改变。这些现代家电用品、现代生产工具、交通运输工具的改变，使传统建筑空间显得狭小而局促。因此在保留部分原有劳作方式的基础上，随生产生活方式的转变，改变民居建筑的功能—空间是当务之急。

2. 乡村建筑现代化发展的需要

城镇化影响表现在建筑上最明显的趋势是，目前在乡村新建建筑中出现了大量模仿城市砖混结构住宅的现象。村民们将这一现象归因于城里住房漂亮洋气、室内空间组织好、采光好、市场建材供应方便等。但是在自发模仿建造的"城市住宅"里，村民们虽能感受到现代住宅空间的宽敞明亮，但却发现原来老房子冬暖夏凉的特性荡然无存。大坪村地处大山深处，虽没有像有些村庄那样修建平顶砖混结构住宅，但在20世纪八九十年代也出现了一批保留川西传统形态的砖木、砖混结构民居。因此，在保留传统民居优良物理环境并克服其缺陷的基础上，满足现代居住需求是新建乡村建筑必须解决的问题。

6.1.2　实施步骤

首先，针对项目所在地的气候、水文、地形、材料、自然灾害等自然条件，人口、民族、宗教、伦理、风俗、习惯、文化、教育等人文因素，以及当地的经济状况与技术水平进行数据收集、问卷调查，对该地的整体情况进行初步判断。

其次，对当地原有民居采取主观评价与客观测试的方法。前期主观问卷从村民对原有居住空间感受优劣、对新建居住空间的需求、对居住环境发展期望等方面进行访谈式调研，从主观感受上明确把握原有民居的优缺点，确定新建民居要解决的问题以及有待改善和提高的方面。客观测试部分包括对当地传统民居室内外物理环境的客观调查与测试，包括室外太阳辐射强度、建筑室内外温湿度及围护结构内表面温度、风速、采光系数与照度等参数，为规划建筑方案前期创作提供建筑性能指标参考因素。

再次，确立低碳、环保、可持续发展的地域建筑更新理念。基于大坪村特有的自然地理条件、人文居住理念、生产生活习惯、技术经济水平等在改变传统民居缺陷的基础上，从结构体系、功能组织、空间构成、热工特性、材料构造、形态建构、适宜性生态技术等方面出发，遵从地域建筑基本属性层级关系，研究并创作出结构安全、符合当地习惯、满足生产生活、节约经济、环境舒适、生态环保的新型民居。采取专业软件，对建筑方案的声、光、热环境进行模拟研究。多方案比较，调整设计参数，寻求居住环境最优方案。

最后，进行示范工程建设、评价与推广。按照设计方案，对大坪村44户居民进行整体原地易址重建。后期评价从主、客观两方面展开：主观评价主要是针对村民对建筑各项性能指标的满意程度，其中包括结构安全质量、空间利用便利度、经济投入与节约度、居住环境舒适度、地域风貌继承性、资源能源消耗状况等。客观评价主要是在典型季节（冬、夏两季）对建筑室内外物理环境的实测，通过对传统民居和新建民居的建筑舒适度性能指标的测试，对比分析，新民居在适应地域环境、居住环境质量、能源消耗状况、低碳环保可持续发展等方面的优势。

6.2　村落现状

6.2.1　背景条件

1. 自然因素

通济镇，位于东经 103°49′，北纬 30°9′，坐落在彭州市西北 25km，成都以北 65km 处。地处川西龙门山脉之玉垒山脉的天台山、白鹿顶南麓、湔江之滨。东与葛仙山镇、楠杨镇、丹景山镇接壤，南与新兴镇以湔江为界，西临小渔洞镇，北靠龙门山镇、白鹿镇。全镇辖区面积 73.5km²，海拔为 805～2484m，历来是彭州市西北山区"三河七场"的中心。通济镇辖 18 个农业行政村和 2 个社区居委会，大坪村便是其中之一。该村位于成都西北约 70km 处（东经 103°50′，北纬 31°10′）的大坪山上。大坪村所在地海拔高度约为 1400 多米，与龙门山隔白水河沟相望。具体位置如图 6-1，图 6-2 所示。

大坪村气候温和、雨量充沛、四季分明、无霜期长、日照短，平坝、丘陵、低山、中山、高山区气候差异明显，年平均气温为 15.6℃。全年无霜期 270 多天，气候温湿，雨量充沛，降雨主要集中时段在 6～9 月，年平均降雨量 960mm 左右。全年主导风向为北东风，次年主导风向为北东风，夏冬季主导风向为北东风。年平均风速为 1.3m/s，年瞬间最大风速 21m/s。

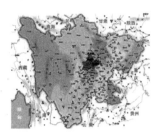

图 6-1　通济镇、大坪村区位图

图 6-2　图中红色为大坪村所在地

2. 人文因素

大坪村共有居民 283 户，900 多人，分属 11 个村民小组，基本为世代栖居的本地原住汉族居民。村民大都信奉佛教，有祭祀佛祖与先辈的习惯，是典型的川西山区村庄。

3. 经济因素

大坪村所处自然环境优美，但是由于受地理条件、观念等的限制，当地经济发展相对缓慢。主要原因在于：

（1）交通不便

大坪村海拔 1400m，当地村民生活在崇山峻岭之中，平地少，山地多，出行交通极其不便，基本以步代车，徒步约 6km 的崎岖山路。

（2）收入渠道单一

该村 76% 的村民以务农为主；13% 的村民靠家人外出打工收入；6% 的村民主要经营手工艺品；2% 的居民以运输为主业；2% 的村民由于家中无劳动力，靠政府救济。当地村民种植的农作物主要有玉米、土豆、洋姜，而这些作物所带来的收入仅够平日开销。村民的主要经济收入是靠种植中药材黄连获得。据调查统计，全村年收入在 3000 元以下的占到 7%；3000～5000元的占到 16%，5000～7000 元的占到 27%，7000～10000 元的占到 23%，10000 元以上的占到 27%（如图 6-3）。

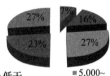

■ 低于
　3,000元(RMB)
■ 3,000～
　5,000元(RMB)
■ 5,000～
　7,000元(RMB)
■ 7,000～
　10,000元(RMB)
■ 高于
　10,000元(RMB)

图 6-3　当地村民每户
年均收入状况

（3）旅游业发展受制约

大坪村自然环境优美，适宜于大力发展旅游业以增加当地村民收入。但限于当地基础设施落后、交通不便、启动资金不足等，很大程度上制约了当地旅游经济的发展。

6.2.2　聚落布局

由于大坪村位于海拔较高的大坪山上，因此该村长期以来形成了依山就势的分散式布局形式。一般 10～20 户形成村民小组，固定于山间、山脚、山腰等某一相对平坦的地势，称之为"坪"。每一小组具有相同姓氏，说明缘于同族同血脉。例如，"谢家坪"、"墨子坪"、"颜家坪"、"水坪"等称谓。村内没有固定道路，一般依照山势起伏形成自然土路。从整个村落来看，小组组团分散于整个大坪山各个角落。从组团内部来看，建筑布局松散随意，规律性弱，常散布于山间田野，被树木包围。形成这一分散式布局形式的主要原因在于：大坪山山势起伏较大，没有足够开阔平坦的地势供全村人居住、活动；村民习惯于利用平地作为主要的生活用地，方便居住，利于交流；山区耕地分散，建房临近于耕地。

6.2.3　建筑单体

1. 空间模式

（1）单栋建筑平面布局

由于当地村民长期受成都平原汉文化的影响，汉族居住文化秉承"淡于宗教者，必然浓于伦理"的理念，在长幼有序、内外有别、男尊女卑、几世同堂的观念下，这里的民居形式由祖辈匠人世代相传，一般以"间"为单位组成三间单栋，呈"一"字形布局。形成以中轴对称为明显标志的空间布局形式。堂屋居中，是全家人活动、承办红白喜事的中心；卧室位于两侧（如图 6-4）。

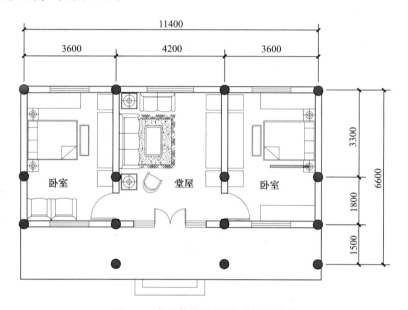

图 6-4　当地传统民居平面布局形式

（2）院落建筑平面布局

院落建筑由两栋、三栋建筑围合而成，形成"L"形，"U"形布局。居中的建筑为主房，包括上文提及的堂屋与两侧卧室；厨房、餐厅、卫生间、牲畜房位于主房一层或两侧，与主房之间无走道联系，随意散落布置，通过院落联系。各栋单体标高不同，人畜分开，院落不封闭，向周边环境敞开。

（3）建筑剖面布局

主房一层半高，一般前后用竹篾围合成半通透，上半层部分功能以储藏为主，但有些封闭起来可兼作卧室使用。

2. 建筑形态

建筑形式主要受四川平原汉民居文化影响，分别有双坡等坡屋顶或不等坡屋顶，单坡屋顶等。当地传统的建筑墙体可分为木骨木板墙，木骨竹篾墙以及木骨竹篾糊土墙几种形式。因建筑底层由竹篾糊土墙围护，虚实对比强烈；二层基本上均做储藏使用，较通透，建筑单体整体体量显得轻盈飘逸，与苍茫的山地环境有机融合在一起，形成了独特的民居建筑空间形态。近些年出现了部分砖混、砖木建筑，但形式上都还遵照当地原有双坡形态。

3. 结构形式

当地传统民居采用传统的穿斗木构架结构形式（如图 6-5）。随着道路交通的改善以及山村经济的发展，当地居民受平原民居和现代砖混民居影响，从 20 世纪 80 年代起出现了大量砖瓦房，但都是极其简陋的砖混、砖木建筑，在经历地震后基本无一幸存（如图 6-6），而原有的土木结构建筑则保持了只歪不倒的格局（如图 6-7）。

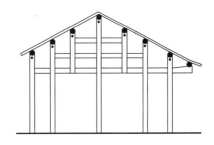

图 6-5 当地传统穿斗式木构架形式

(*a*)   (*b*)

图 6-6 地震中倒塌的砖混、砖木结构建筑

(*a*)   (*b*)

图 6-7 当地传统木结构建筑

4. 建构材料

建筑材料首先遵循就地取材原则。当地森林资源丰富，所以在当地传统房屋中沿袭了木骨架房，小青瓦或木片屋顶；由于周围山林盛产林木，且竹子资源丰富，竹加工简单易行，用其作为围护墙更具有简便、透气，与山林景观和谐一致的效果。因而被广泛用于民居的围护墙面，历史上亦因此形成了大量各式竹、土篾笆墙。局部居民巧妙运用了矮墙踩或调脚柱来阻挡林中的湿气。

6.2.4 物理环境

为提升新建民居建筑和居住环境的质量，并能够继承当地原有民居建筑适应气候等优点，课题组深入该村进行了大量实地调查与测试。选取一栋当地尚存的民居建筑（如图 6-8）作为典型，进行夏季物理环境客观测试，该民居采用传统的穿斗式木结构形式，采用 120mm 厚的砖墙作为分隔围护结构。我们对当地原有民居物理环境开展夏季客观测试与冬季主观调查。此次测试内容包括太阳辐射、室内外温度、室内外湿度、室内风速、室内照度等，测试仪器主要为 TBQ-DT 太阳辐射电流表、175-H2 自计式温湿度计、热舒适仪、热电偶测温仪、红外测温仪、风速仪及 TES 1332A 照度计等。其中还采取 Ecotect 生态设计软件模拟分析原有建筑室内采光系数与照度情况。

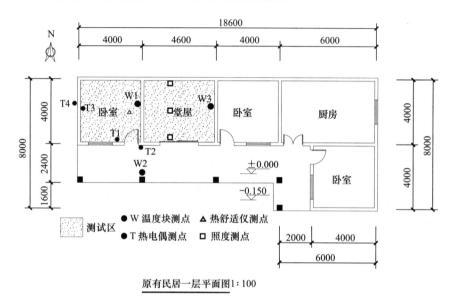

原有民居一层平面图1:100

图 6-8　测试对象平面图及布点

图片来源：唐方伟绘制

1. 客观测试内容包括

（1）太阳辐射：对夏季室外太阳总辐射与散射辐射进行测试，结果如图 6-9。该组曲线显示，太阳辐射在正午 11：00～12：30 出现较大值，12：30 出现极值；并且从 13：30～15：00 又出现上升趋势，15：30 达到高点，与正午极值相比略小。散射辐射随总辐射曲线呈同步态势。说明该地区有夏季利用太阳能的潜能。

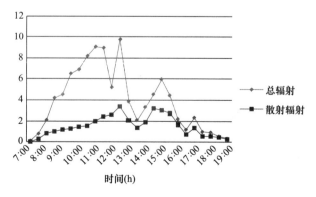

图 6-9　大坪村夏季太阳辐射测试结果

（2）室内外温度：对夏季室外、堂屋、卧室的温度进行测试，结果如图6-10。该组曲线显示，室内外的温度变化基本同步。最高最低温度之间有1～2小时的延时，说明建筑的围护结构在室内外温度上起到阻隔延缓的作用。

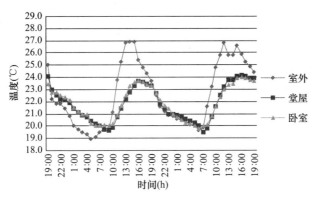

图 6-10　大坪村原有建筑夏季室内外温度

（3）室内外相对湿度：对夏季室外、堂屋、卧室的相对湿度进行测试，如图6-11。从该组曲线可以看出在每天的14：00前后室内外的相对湿度最低，分别为83％、56％，室内、外相对最大湿度为99％、91％。由此可看出该地区的室内外空气相对湿度都比较高，属于典型的山地气候，同时受到天气的影响比较大，在每天从9：00～10：00前后，室内外的相对湿度都开始下降，14：00左右开始回升，这是当地的日出日落带来的对温、湿度的同步影响。

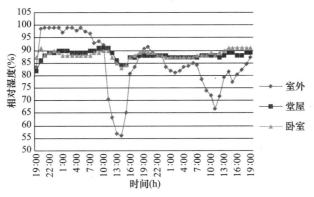

图 6-11　大坪村原有建筑夏季室内外相对湿度

（4）室内风速：对室内卧室风速进行测试，结果如图6-12。

（5）室内采光：按照当地传统居住模式，运用 Ecotect 软件对室内采光进行建模分析，如图6-13～图6-15。原有民居主要功能房间，如堂屋、卧室室内的采光系数都低于1％，不符合标准（见表6-1）。房间内部照度值的变化和采光系数一致，周边较亮，内部较暗，其平均值分别为21.98％和915.77lux，照度均匀度为0。同时，对距堂屋窗口0.3m、1.6m、2.8m位置的室内照度值进行测试，结果如图6-16。堂屋与卧室的采光口易在室内形成较大的眩光，而室内的自然光照度随房间进深下降较大，尤其是卧室，基本上处于严重的照度不足范围中，是不利于视觉卫生与提高生活质量的。很明显在窗口或者门口的照度明显大于室内各点，同时 11：00～15：00 之间室内各点均呈现出较大照度值，而且在 12：30 和 15：00 均出现最大值。

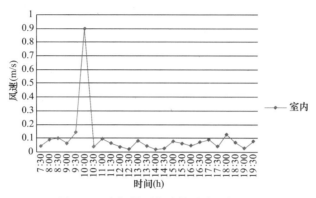

图 6-12　大坪村原有建筑夏季室内风速

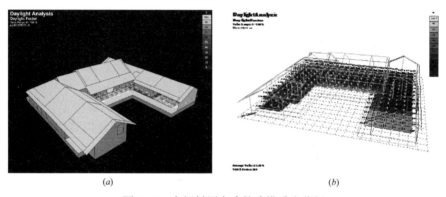

图 6-13　大坪村原有建筑建模采光分析

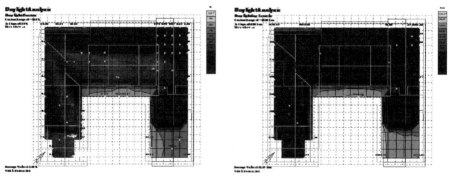

图 6-14　原有建筑采光系数　　　　图 6-15　原有建筑照度值

居住建筑的采光系数标准值　　　　表 6-1 ①

采光等级	房间名称	侧面采光	
		采光系数最低值 C_{min}（％）	室内天然光临界照度（lx）
Ⅳ	起居室、卧室、书房	1	50
Ⅴ	卫生间、楼梯间、过厅、餐厅	0.5	25

① 建筑采光设计标准 GB/T 50033—2001。

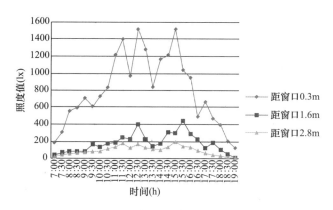

图 6-16 大坪村原有建筑夏季室内照度

2. 主观访问调查

主观调查部分包括村民在传统建筑中的夏、冬季的冷热感觉,光线明暗程度,背景噪音等既有主观感受,也包括村民对新建居住环境的需求等。从调查过程来看,对于原有居住环境质量村民普遍反映:

(1)冬季寒冷,需要两个月烤火过冬;

(2)原有砖混建筑的地面、家具出现结露现象;

(3)室内光线暗,村民白天大都在户外或建筑内外的灰空间部分(檐下空间)活动。

3. 测试调查结论

通过以上测试与调查,获得如下认知:

(1)当地从气候分区上划分属于Ⅲ区,从热工分区上属于夏热冬冷地区,因此建筑设计主要问题是夏季防热与冬季保温。但从该村所处的山地气候环境而言,夏季温度适宜,湿度较大,因此,改进建筑的夏季通风与遮阳,冬季保温是克服民居环境缺陷的主要途径。

(2)冬季建筑室内的温湿度与室外接近,说明建筑的围护体系(如图 6-17)存在着较大的缺陷,主要原因是门窗与木板围护墙体太简陋。因此,从构造措施上提高围护墙体的隔热性能、增加房间的保温效果是民居热环境的首要问题。

(3)该地区处于山中,测试显示空气湿度较大,说明防潮和通风是解决空气湿度大的主要手段。

(4)当地居民不习惯于在建筑背面开窗,并且屋檐出挑深远,因此,如何在保留传统居住习惯的基础上为居民创造较理想的光环境亦是新建民居需要解决的问题。

(a)　　　　　　　　　　　　　　(b)

图 6-17 当地原有民居围护体系

（5）村落的环境噪声不大，除了人、牲畜、风以及鸟叫蝉鸣声外，基本较安静，无大的背景噪声干扰。

6.2.5　问题与缺陷

通过对大坪村村落及建筑单体状况的调查与研究，发现原有建筑在抗震结构，功能布局，室内环境，建筑形态，经济制约以及生态环保方面存在不同的问题及缺陷。

1. 抗震结构

从 20 世纪八九十年代起兴建的砖混结构住房，是在没有专业工程师指导，模仿城市建筑的情况下，当地村民自发建造的。该种类型建筑质量低劣，抗震等级无从评判，因此，在 5.12 汶川地震中全砖混结构房屋无一幸存；木结构为主砖混作为围护体系的建筑主体结构尚在，但墙体全部倒塌。灾后新建建筑，首先必然解决建筑的抗震安全性问题。在比较当地传统木结构、砖混结构的基础上，选取甚至改善适宜于当地的结构形式。

2. 功能布局

当地绝大多数村民住房布局形式以一字型主房（堂屋＋卧室）为主，厕所、厨房等散乱于主房周围，不便于卫生、洗浴、做饭与用餐等现代生活需要。在调研中发现，76％的村民的日常生活以务农为主，但当地传统建筑基本没有多余的储藏、加工空间，不便于储存农具、农作物，以及简单加工等现代乡村生产方式。除此外，受制于经济贫困、交通不便等原因，原有建筑无旅游接待空间。因此，灾后重建除考虑满足村民基本的生产、生活方式外，条件许可情况下可兼顾经济增收的空间需求。

3. 建筑形态

砖混建筑虽然在平面布局与形态上继承当地传统，但却进行简化处理，而且由于采用砖、混凝土等建筑材料，因此在门、窗细节，色彩，质感等方面却很难寻觅到当地的地域风貌。

4. 室内环境舒适度

原有民居围护体系简陋，导致冬季室内外温湿度接近。空气湿度大，日气候条件变化显著，导致建筑表面结露。传统习惯的挑檐与开窗方式导致室内采光环境差。因此，新建建筑通过改进以上环境缺陷的基础上，可提高居住舒适度。

5. 经济贫困

环境相对闭塞、经济发展缓慢以及自然灾害的突袭使得村民经济状况雪上加霜。即便有政府补助与社会捐助，但户均有限，经济情况成为建房的制约因素。因此，重建中在建造与运行费用上需做合理规划。

6. 生态环保

鉴于砖混结构建筑建造与运行能耗高，资源消耗多，室内热环境质量差，污染物排放量高。当地砖混、砖木结构未经过严格的热工计算，墙体厚度仅为 120mm，不仅抗震设防不达标，而且未设置保温隔热材料，导致冬季寒冷、夏季炎热潮湿，由此必然带来取暖与空调能耗。另外，室内采光条件差，照明能耗必然偏高。在走访中我们发现，当地人的环保意识淡薄，基本没有节约资源、能源的理念。

通过上述梳理发现，当地传统民居缺陷主要存在于抗震性能、功能空间、地域风貌、物理环境、经济制约以及生态环保等方面。地震灾区新民居设计过程中，除需考虑抗震安全问题外，还应改善或解决既有的环境缺陷，以期创造舒适宜人的居住环境；并且关注居住建筑其他性能，如空间利用的便利程度是否符合现代生产生活方式，建造与运行成本当地村民能否承担、建筑形态是否具备地域传统风貌等等，只有这些基本属性都基本满足，民居建筑才可能长久持续生存与发展。

6.3 地域建筑更新研究

村落建设中，为了引导村民建造适宜气候、生态环保的新型地域民居，我们在当地传统住屋模式的基础上，继承传统民居中的优秀经验，解决存在问题，改进原有缺陷。

地震破坏再一次引起人们对建筑安全性的重视；现代乡村劳作与生活方式的改变必然要求在原有基础上改变或完善空间布局；乡村经济发展滞后制约建房规模与材料构造措施；物理环境状况的低劣必然要求改善声、光、热等舒适条件以满足居住需求；挖掘适宜于当地的低技策略以利生态环境的持续、良性循环发展。

6.3.1 结构体系

当地传统木结构民居在地震中只歪不倒的格局给我们很大启示。穿斗木构架体系与抹泥竹笆墙围护结构，其良好的抗震性能取决于房屋重量轻以及柔性的木结构承重体系。在设计中我们沿用这种思路，采取木结构、钢—木结合两种结构形式（如图 6-18，图 6-19），其中木结构多用于民居，钢-木结构多用于公建。按照传统的穿斗木构架结构体系，通过横向的梁和檩条同纵向的屋架连接，将整个结构联系在一起，加强了房屋的整体稳定性（如图 6-20）。应用当地盛产的木与竹作为建筑的主要材料，旧房中的一些木构件可以再次回收利用。

图 6-18 新建建筑木结构　　　　图 6-19 新建建筑木—轻钢结构

在屋面处理方面（如图 6-21），通过在檩条上架设垂直于檩条方向的椽子，并将木条钉于椽子之上，在木条上挂瓦。这种整体性的屋顶通过梁架将重力传到基础，保证了房屋结构的稳定性。传统体系的沿用，使得当地居民能够用熟悉的传统技术进行新房屋的建设。在继承了传统穿斗木构架抗震经验的基础上，我们采取简单的铁件加固措施提升其抗震性能，例如通过在木柱的下方设置混凝土墩子（如图 6-22），在墩子内植入 70～80cm 的铁夹子，其中铁夹子的一半（约 30～40cm）被安放在墩子里，另一半则与上方的木柱铆接。加强了房屋基础的稳定性，满足设防要求。

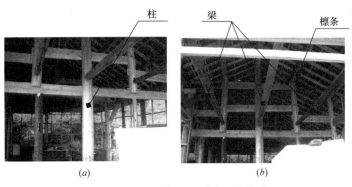

图 6-20　木构体系柱、梁、檩关系

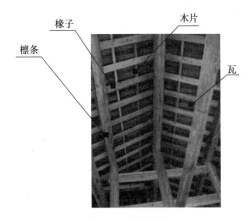

图 6-21　屋面处理

图片来源：作者拍摄绘制

图 6-22　房屋与基础的抗震加固措施

6.3.2　功能空间

当地的建筑形态主要为双坡建筑组成的"一"字形布局。依据传统民居的特点，平面主房部分包括中心的堂屋（起居室）以及两侧的主人卧室，厢房部分包括客卧、餐厅、厨房、卫生间等内容。厢房部分可依据家庭规模与经济状况添加于主房两侧。民居的布局可以形成"一"字形、"L"形、"U"形等多种方式。与传统民居单一的布局形式相比，提供了更多使用空间。

随经济状况及人口规模的改变，为方便村民加建，新建民居的平面布局建立模块概念（如图 6-23），由基本模块与多功能模块构成，模块之间自由组合。基本模块有：75.24m² 的主房模块（堂屋＋卧室），以及 38.88m²（客卧＋餐厨）、58.32m²（客卧＋餐厅＋厨房）、77.76m²（客卧＋餐厅＋厨房＋卫生间）等三种规模的厢房模块；多功能模块由两种规模的空间组成，分别是 8.91m² 的独立的阳光间、储藏室、厨房、卫生间和 7.56m² 的卫生间。多功能模块可单独或群组与主房模块结合成"L"形布局（如图 6-24），也可独立添加于主房与厢房组成的"L"形、"U"形平面的任意位置（如图 6-25，图 6-26），组成围合、半围合的院落形式（如图 6-27）。民居空间及院落的设计充分尊重当地居民的生活模式，同时满足现代生活的需要。利用两种不同类型的模块，即可组合出多种满足村民需求的民居。

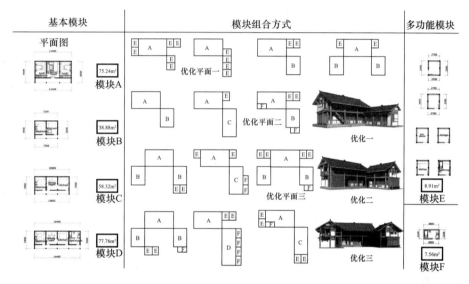

图 6-23　平面模块组合
图片来源：课题组创作

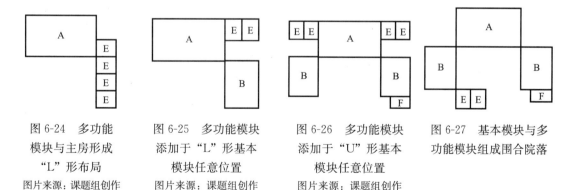

图 6-24　多功能模块与主房形成"L"形布局

图片来源：课题组创作

图 6-25　多功能模块添加于"L"形基本模块任意位置

图片来源：课题组创作

图 6-26　多功能模块添加于"U"形基本模块任意位置

图片来源：课题组创作

图 6-27　基本模块与多功能模块组成围合院落

6.3.3　经济投入

如何在经济投入上减轻当地村民负担，就要从建设成本和运行成本两方面入手。有效性不是一味降低成本，不是建造价格低廉、质量糟糕、运行能耗大的住宅，也不是不计建设成本，一味要求投入运行后一减再减的建筑，而是在建设与运行中找到最佳平衡点，即投入成本的可接受度与使用中相对较少的经济成本。因此，在建设初期就选择能达到同样效果的当地建材，降低建造与运输费用；同时还考虑到村民经济承担能力提出分期建设的可能性。方案设计中应注意新房在运行中对生活用能的节约，利用可再生能源，减少污染物排放，保护自然环境。这既是减少个人经济投入的对策，也是减少社会经济投入的一种有效方式。

1. 控制建设成本

由于当地农村地区基本依靠种植黄莲、洋姜、土豆等作物得来的微薄收入维持生计，建房成为村民很多年甚至一生来完成的事情。因此，建房花费的每一分钱他们都很谨慎。因此，资金成为困扰村民建房的最大障碍。

作为设计师，鉴于当地贫困的经济状况，兼顾生态环保需求，采取以下措施降低建造成本：

（1）对村民自有材料及倒塌房屋可回收利用的材料进行充分利用；

（2）采取节地、节材措施，选取当地建材，降低运输成本；

（3）对当地传统建房技术进行改进，并开展建造技术知识普及培训。村民们运用熟悉的建造知识与工具，展开劳动力互助联建，自助与互助的建造方式，节省大量人工成本；

（4）课题组作为志愿者团队无偿设计，不收取任何费用。

此项目通过这四种方式整合资源，降低成本。为村民做了具体而细化的成本核算，人均建筑面积 $35m^2$，平均单方造价 500 元/m^2（其中不包括小工费用、装修费用及村民自有、经批准砍伐和原有旧屋回收利用的材料费用）。据调研统计，当地典型的住宅单方造价约为 $1000 \sim 1200$ 元/m^2。通过降低建造成本的措施，使得大坪村重建的单方造价仅占正常建设的 1/2 左右。为当地村民尽快修建住房提供可能，减轻了重建负担。由此四种典型家庭规模总造价见表 6-2。

四种典型规模建筑总造价 表 6-2

家庭规模（人/户）	建造规模（m^2）（人均建筑面积 $35m^2$）	总造价（元）（平均单方造价 500 元/m^2）
2	$70m^2$	35000
3	$105m^2$	52500
4	$140m^2$	70000
5	$175m^2$	87500

2. 降低运行成本

建筑运行成本主要包括能源消耗与维修两部分费用，其中能源消耗费用包括建筑能耗与生活能耗，占总运行成本的绝大部分，因此，运行成本降低的关键取决于建筑投入使用后的能源消耗状况。

（1）适应气候的空间形式

方案创作中汲取当地传统民居适应气候的空间形式，利于组织穿堂风，改善夏季室内湿度过高。并在堂屋顶棚、卧室的前廊顶棚、卧室吊顶等处预留通风口（如图 6-28）。冬季关闭通风口，保持室内温度；夏季打开通风口，室内外空气流通。

（2）围护结构构造措施

新建建筑采取的构造措施提高了围护结构的冬季保温、夏季隔热能力，空调与采暖能耗几乎为零。

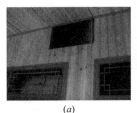
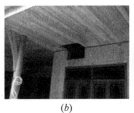

(a)　　　　　　　　(b)　　　　　　　　(c)

图 6-28　预留通风口

（3）夏季遮阳措施

立面设计中采用挑檐（见图 6-29）解决了夏季遮阳问题，一般出挑水平长度在 2m 以上，有的达到 2.5m，这主要取决于挑檐对室内光线遮挡及屋顶高度。

(a)　　　　　　　　　　　　(b)

图 6-29　建筑挑檐解决夏季遮阳

（4）节能器具

通过采取节能器具，如节能灶的推广与应用，以及开发利用可再生能源，如太阳能、沼气等降低村民生活中的能源消耗成本。

6.3.4　室内环境

1. 围护结构材料构造

（1）选取当地材料

由于大坪村山高路简，运输成本高，不适于采用砖与混凝土结构，当地因盛产竹木，而被居民广泛用于墙面围护构造。建筑被竹木围合，与周边群山氛围和谐统一。土、竹可结合起来使用。当地竹笆墙利用较多，但因其墙体较薄，且保温隔声效果较差，被大量应用于厨房单体围护。设计考虑结合土来使用，竹篱上抹土作围护墙，局部需要可单用竹笆墙，以此作为隔墙，操作简单且居民可根据自己喜好制作图案，另外以抹土作为隔墙，可有效提高房间保温、隔声效果，建造成本低，还可以降低对大气的二氧化碳排放，起到对大坪村地区生态环境的保护作用，实现人与环境的可持续发展。

（2）围护结构保温、防潮措施

在建筑外观、内部空间分布和功能不变的情况下，分别采用不同的外围护结构、屋面构造方法，运用 DOE2.1E 对新民居方案进行了建模（如图 6-30），分析比较五种不同构造措施的热环境特性。以五口之家户型为例，建筑朝向为南北向。一层地面为土地面，二层楼板、内墙为 20mm 柳沙松木板。窗户采用木窗 1300×1500，传热系数 $4.7W/m^2 \cdot K$，遮阳系数

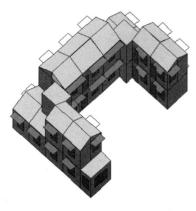

图 6-30　DOE2.1E 对五人户建模

图片来源：课题组提供

0.6。门采用木门 1200×2000，传热系数 2.7W/m² · K。

通过温度对比来选择室内热环境最佳的建筑围护结构的构造方法。建议采用其中两种，其一（模拟结果显示如图 6-31），外墙：20mm 柳沙松木板＋30mm 聚苯乙烯泡沫塑料＋20mm 柳沙松木板；屋面：35mm 小青瓦＋10mm 聚苯乙烯泡沫塑料；该方案可使一月份室内平均温度达到 10.7℃。其二（模拟结果显示如图 6-32），外墙：30mm 泥土＋10mm 篱笆＋50mm 聚苯乙烯泡沫塑料＋10mm 篱笆＋30mm 泥土；屋面：35mm 小青瓦＋50mm 聚苯乙烯泡沫塑料；该构造方案可使得二层中间房间室内平均温度达到 12.5℃。尽管如此，依然不能单凭建筑本身达到冬季室内热舒适温度，因此冬季还需要采暖。

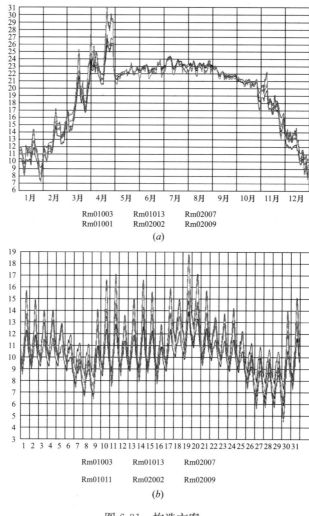

图 6-31　构造方案一

（a）全年各房间温度图；（b）一月份各房间温度图

图片来源：课题组提供

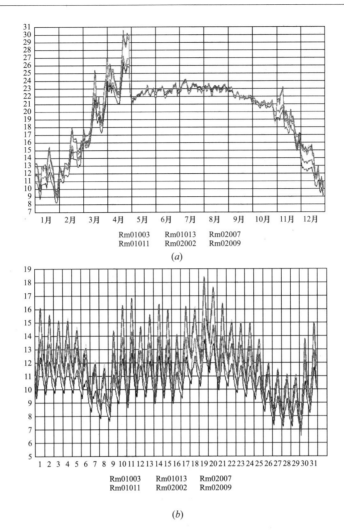

图 6-32　构造方案二

（a）全年各房间温度图；（b）一月份各房间温度图

图片来源：课题组提供

为防止木墙或隔墙与地面接触时潮湿，墙体大部分采用木材，在距地面 1m 的位置采用砖石垫层（如图 6-33）。

图 6-33　墙体下部防潮措施

2. 通风、采光技术

（1）自然通风组织

新民居在设计时注重组织平面形式形成室内外风压，通过调整房屋的进深与开间，设计窗户与通风口，夏季利用室内外风压形成穿堂风。运用 Airpak 模型模拟五口之家在 1.5m、4.5m 高度，分析该建筑方案的夏季自然通风效果。结果（如图 6-34）显示，在夏季全部开窗的情况下，二层房间风速稍高于一层，在室外风速为 1.3m/s 时，两层平面各房间风速分布较为均匀，室内风速在 0.1～0.6m/s 之间。一层房间中，中间堂屋房间通风效果最好，西侧厢房的两个房间通风效果一般，室内风速小于 0.1m/s。二层西侧房间通风好于一层，东侧和南北向房间室内风速较高，室内通风较好。在堂屋和厨房空间组织上有利于形成竖向热压对流，适宜于大坪村夏季湿度较高的气候特点，模拟分析结果表明，在夏季 90％情况下，室内热环境可满足基本热舒适需求。建筑半围合的院落内会产生一定的气旋，通风效果较好。新方案设计在自然通风上相比于传统的老民居提高很多。

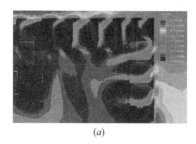 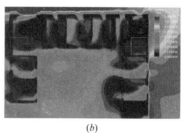

(a)　　　　　　　　　　　　　　　(b)

图 6-34　五口之家建筑风速分布图

（a）1.5m 平面风速分布；（b）4.5m 平面风速分布

图片来源：课题组提供

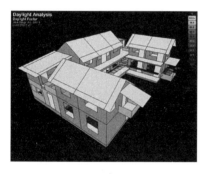

图 6-35　五口之家室内采光模型

图片来源：课题组提供

（2）光环境设计

新方案设计中除满足光环境舒适性要求外，为节约照明能耗，降低了房间的开间和进深，且增加了开窗，所以取得了比旧民居更好的采光环境。运用 Ecotect[①]软件建立五口之家模型（如图 6-35），模拟分析表明一层房间（如图 6-36）内部采光系数达到 6.0％以上，整个建筑里的采光系数平均值达到 38.66％，照度值达到了 1611.13lux，采光系数和照度值都增加了 76％。这与房间在各个方向都开窗有关。但从实地考察来看，当地居民传统的做法中，堂屋后墙基本不开窗。因此如若延续传统习惯，则实际一层采光状况弱于模拟结果。二层（如图 6-37）由于受到屋顶出檐的影响，采光系数和照度平均值有所下降，分别为 32.86％和 1369.36lux，照度均匀度为 0.16。

---

　　① Li, K., Yu, Z. Design and Simulative Evaluation of Architectural Physical Environment with Ecotect [J]. Computer Aided Drafting, Design and Manufacturing, 2006, 16（2）：44-50.

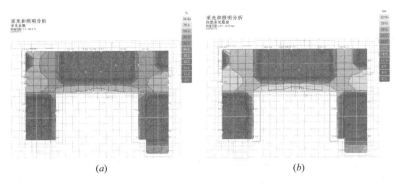

(a)   (b)

图 6-36   新民居一层光环境模拟分析

（a）一层采光系数；（b）一层照度值

图片来源：课题组提供

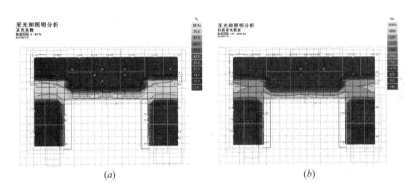

(a)   (b)

图 6-37   新民居二层光环境模拟分析

（a）二层采光系数；（b）二层照度值

图片来源：课题组提供

6.3.5 建筑形态

根据当地生活传统与家庭人口规模，新民居平面布局采取"一"字形（如图 6-38）、"L"形（如图 6-39，6-40）、"U"形（如图 6-41），因此就形成以正中"一"字形三开间为主房，侧翼厢房垂直于主房的建筑形态。其中，主房单层，厢房也是单层；主房两层，厢房采取一层半式，高度上略低于主房。主房与厢房高低错落，搭接有序。厢房随从于主房，穿插自然，相辅相成，形成主从相伴的建筑形式。一主一从的建筑造型形成了均衡、稳定的构图效果，共同构筑出大坪村独特的空间神韵。以当地人的传统和审美为基准，主房采取双坡等坡、厢房采取双坡不等坡的屋顶形式。屋顶采用小青瓦敷设，墙身采用木板或竹胶板，以木墙青顶的柔和色彩与质感融于山间树林。建筑局部土墙灰白清雅，木构明晰俊秀，竹篱活泼灵性，玻窗明净映彩，建筑与自然环境互相掩映，和谐相处。

6.3.6 节约生态与村民参与

1. 生态措施

（1）低碳措施

大坪村在设计前期就考虑到建筑中二氧化碳在建设、运行、拆卸等几个阶段的排放过程，因此在实际操作中，建筑材料的选择注重降低对能源资源的消耗；自然通风、采光等手段的运用使得建筑在运行阶段除满足人体热舒适要求外，更降低了能耗，减少了二氧化碳排放；就地取材为建筑后期材料循环利用及拆卸过程降低碳排放创造了可能。

图 6-38　两口之家建筑效果图
图片来源：课题组创作

图 6-39　三口之家建筑效果图
图片来源：课题组创作

图 6-40　四口之家建筑效果图
图片来源：课题组创作

图 6-41　五口之家建筑效果图
图片来源：课题组创作

（2）能耗降低

该围护结构构造措施使得新建民居达到冬暖夏凉的效果。冬季室内热状况明显优于传统民居及砖混民居，极大地降低了冬季取暖能耗。夏季建筑遮阳与自然通风组织，使得湿度较大的大坪民居建筑能耗几乎为零。室内光环境的改善、节能灶的采用也大大降低了建筑运行能耗。

（3）可再生能源利用

当地盛产黄连植物秸秆，每户村民均饲养牲畜，可作为沼气原料，为村民提供部分炊事能源，同时又可以为照明、用热等提供方便。设计中将猪圈、旱厕、沼气池一体化设计。

在尊重传统建筑原形特征的条件下也考虑了阳光间的设计，在正房中采用了直接式和附加阳光间（如图 6-42）等太阳能利用技术，最大限度地利用太阳能进行采暖与采光。这些被动式太阳能利用，可以有效地改善冬季室内热环境，减少对自然林木作为取暖能源的砍伐，为村民综合使用太阳能创造较好的条件。考虑到阳光间会增加房屋造价，因此，方案设计中阳光间可以在居住者经济条件改善后随时加建。

（4）庭院生态系统

庭院系统中的伴生种群是系统良性发展的重要因素，目前村民饲养的主要品种为：猪、鸡、鹅、鸭等。同时，适当扩大庭院后，正在新建独立卫生间和牲畜圈，改善当地人祖祖辈辈简陋的卫生习惯，并且加大伴生种群与人的居住距离，方便控制寄生种群的繁殖与危害，提高卫生标准，保证居民的健康生活。

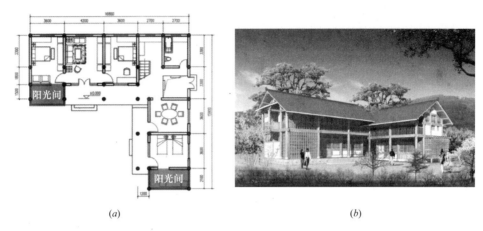

（a）   （b）

图 6-42 新民居附加阳光间

（a）平面图；（b）效果图

图片来源：课题组创作

（5）山泉水保护、简易储水系统与生态湿地

设计简易的山泉水储水处理系统，作为生活用水。对生活用水采用简易的净化过滤系统[①]（如图 6-43，图 6-44），以家庭为单位，使生活污水先经过简单的处理再排向自然系统，从而保护整个水环境的干净，以及大坪村地域的水资源。同时，依山体台地地势，设计生态湿地生活污水净化系统，保护栖居地的生态环境。

图 6-43 家庭式生活污水处理系统示意 图 6-44 利用雨水净化污水处理系统示意

图片来源：课题组提供   图片来源：课题组提供

（6）信息流规划

逐步完善道路交通、电话、电视，网络系统，让居民及游客能获得更多的信息，以促进山村的经济发展，不断提高居住质量与生活水平，最终实现生态脱贫、信息脱贫与经济脱贫。

---

① Jiaping LIU，Rongrong HU，Runshan WANG，Liu YANG. Regeneration of vernacular architecture：new rammed earthhouses on the upper reaches of the Yangtze River [J]. Frontiers of Energy &Power Engineering in China. 2010，4（1）：93-99.

2. 村民参与

建设初期，当地村民几乎完全没有节能、低碳、环保的生态意识，对于生态民居的建造与运行完全不理解，认为现代乡村建筑也应当类似于城市建筑一样漂亮、洋气，无法接受新建民居采用传统结构与传统建材。而且，对于生态民居的使用与运行也抱有疑惑。

于是在方案创作与建设进行的整个过程中都采取村民参与的方式。设计前期，以主观问卷的方式，调查当地传统的生活、生产与居住模式；以客观测试的方式调查当地既有民居环境缺陷，在吸收传统民居空间布局、生态经验，改善环境缺陷的基础上进行新民居方案创作。方案形成后，在与村民反复沟通的基础上调整完善，在遵从传统风俗、满足现代生产生活方式，节约并高效利用当地能源与资源，减少污染物排放的基础上形成设计方案。当地村民积极投入设计与建设过程，所有的设计方案都是在与村民讨论的基础上完成。设计过程中，课题组根据家庭规模、经济状况给出设计方案；村民们不仅与设计人员进行方案讨论（如图 6-45，图 6-46），而且有修改甚至否决方案的权力。投票表决（如图 6-47）显示了设计方案最终赢得了村民的同意。村里所有新建的房子，包括 11 栋公建都是在专业工程师指导下，村民自建和联建（如图 6-48）的基础上完成。参与式方案的运用极大地提高了当地村民建议与建设的积极性。最后方案的实施使得当地村民从对之前家园的向往和留恋中，逐渐产生对新建家园的归属和认同。

图 6-45　课题组周伟博士介绍方案　　　图 6-46　村民与设计人员现场交流意见
　　　　图片来源：课题组提供　　　　　　　　　图片来源：课题组提供

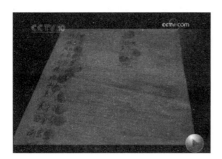

图 6-47　村民以签名、手印等方式表决　　图 6-48　村民自建与联建场景
　　　　　并通过设计方案

6.4　示范工程实施方案

为改变大坪村原有居住现状，帮助村民重建家园，发展生产与经济、保护生态环境、实现人与自然和谐的可持续发展，示范工程希望通过大坪村 44 户居民的整体原地易址重

建，提高大坪村居民的生活品质，使建筑更加有机地融入自然环境，创造能够促进人与人之间交流沟通的场所，营造具有绿色生态理念与现代生活气息、乐和而诗意栖居的新家园，并能为全村乃至其他更多村落中的居民提供一种改变生存状态的理想示范。

6.4.1　聚落布局

重建前的大坪村，村落布局以蜿蜒的山路为引导，在自然力长期作用下形成自然形态。众所周知，自然力长期作用于地貌景观造成的曲线线势区别于人工刻意建造的态势，具有统一协调、自然均衡的审美效果。大坪村正是在这种自然力长期作用下产生了特殊的线性"飘积"[①] 聚落形态。该村在灾后选择了原址重建，规划中摒弃了城市住宅区行列式集中布局的规划方法，引申"生态飘积"原理用于新民居规划[②]。以大坪村十队、十一队的谢家坪聚落为例（如图 6-49），将新民居选址在自家原有民居附近的平整地带，顺应自然力作用，按照山体山势，布局于山路两侧。这种布局方式，体现了传统民居中建筑与自然和谐共处的生态理念，同时避免了集中式布局带来的污水、污染物集中处理的生态难题。由于分散布局，人、生物等的污水污物排放对环境而言分散化解，无形中减小环境压力，对缓解和保护山区自然生态环境具积极作用，真正意义上体现了"天人合一"的共存理念。同时，谢家坪位于大坪村中较平整的地带，因此对抗震较有利。其他聚落布局形式依然按照"生态飘积"理论，同时注意避开山嘴，山丘，边坡边缘，易滑坡地带。

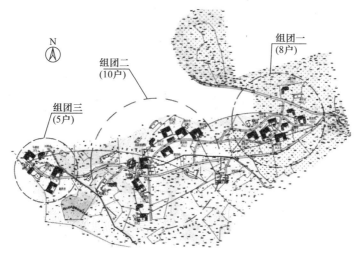

图 6-49　新建大坪村谢家坪聚落布局
图片来源：课题组创作

6.4.2　平面布局

在具体的实施方案中，我们在模块组合的基础上优选出了四种基本的民居形式（如图 6-50～图 6-53），分别适应两口家（80m²）、三口之家（120m²）、四口之家（150m²）

---

① 飘积（drifts）理论：由美国造园学家约翰·格兰特与卡洛尔·格兰特提出，即风力是影响植物种子传播和繁殖的重要因素，因此在自然景观中的自然植物群落的形状是自然力作用的结果，该现象称为飘积形体或飘积线势。引自刘福智，周伟．景园规划与设计 [M]．北京：机械工业出版社，2003.

② 周伟．建筑空间解析及传统民居的再生研究 [D]．西安：西安建筑科技大学，2004.

及五口之家（180m²）的居住。同时，考虑到将来旅游业发展是当地经济收入提高的重要手段，我们在新建民居布局的基础上，优选出两种带有旅游接待功能的标准发展户型（如图 6-54，图 6-55），为旅游业发展提供可能。

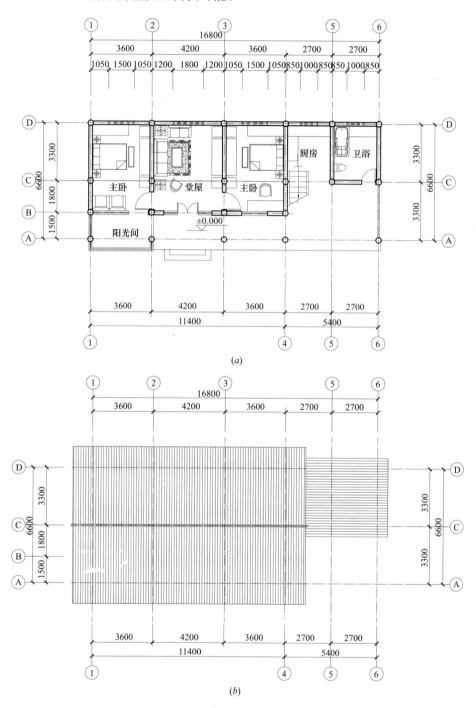

图 6-50　两口之家平面图

（a）一层平面；（b）屋顶平面

图片来源：课题组创作

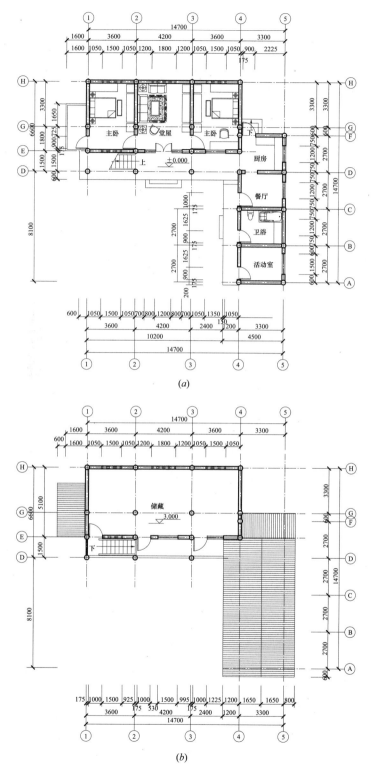

图 6-51 三口之家平面图

(*a*) 一层平面；(*b*) 二层平面

图片来源：课题组创作

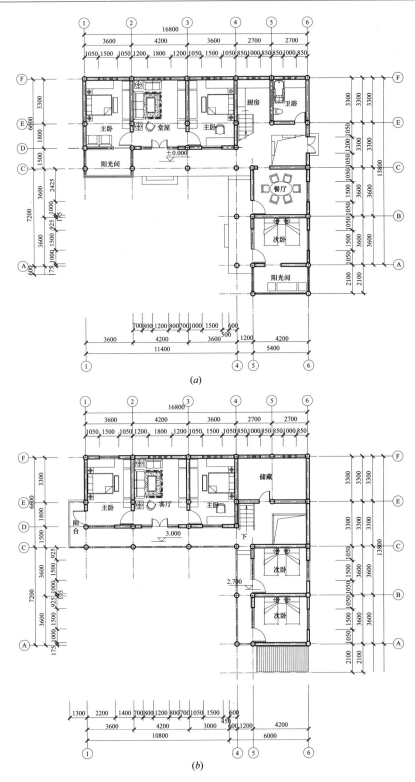

图 6-52　四口之家平面图

（a）一层平面；（b）二层平面

图片来源：课题组创作

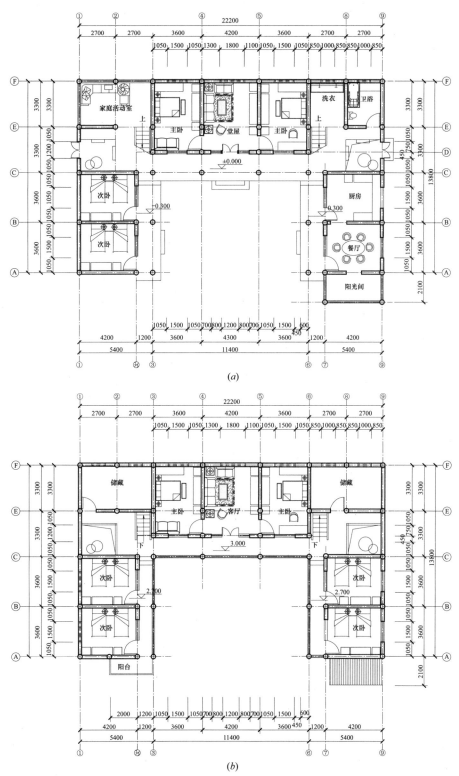

图 6-53 五口之家平面图

（a）一层平面；（b）二层平面

图片来源：课题组创作

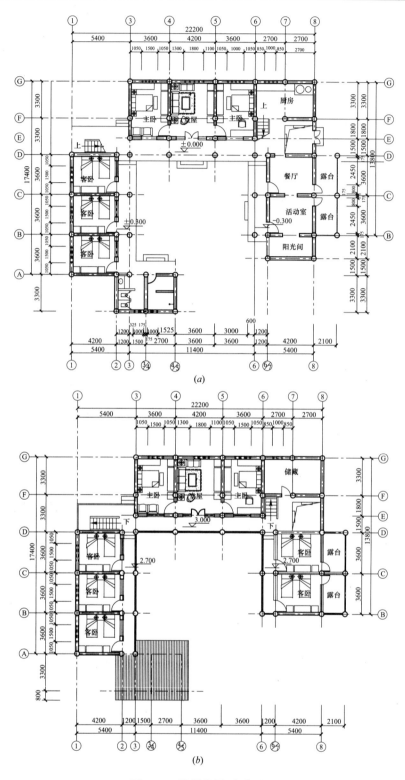

图 6-54 旅游发展型平面一

（a）一层平面；（b）二层平面

图片来源：课题组创作

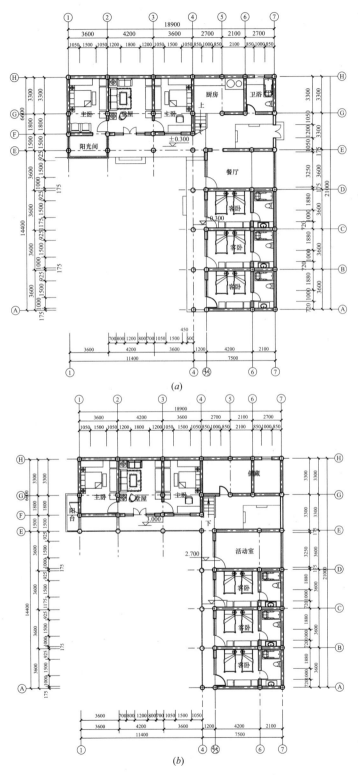

图 6-55 旅游发展型平面二

（a）一层平面；（b）二层平面

图片来源：课题组创作

6.4.3　立面设计

各户型对应的立面设计如图 6-56 至图 6-58。

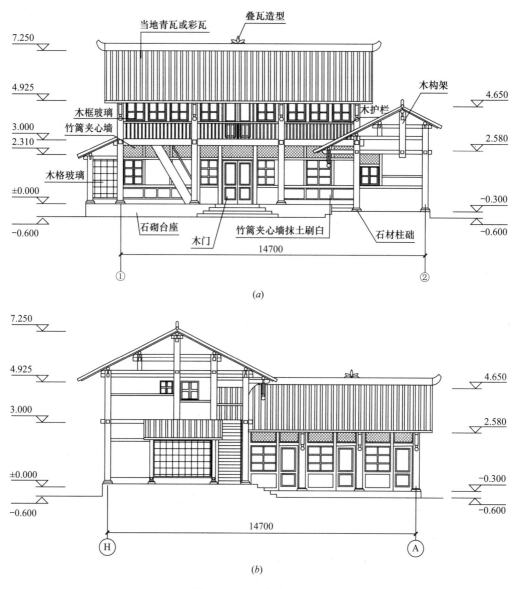

图 6-56　三口之家立面图

(*a*) 三口之家南立面；(*b*) 三口之家西立面

图片来源：课题组创作

6.4.4　剖面设计

剖面设计中，按照根据模块理论，分别对主房、厢房、偏厦等进行剖面设计，如图 6-59。其中，厢房设计中又分为两层等坡与一层不等坡两种。

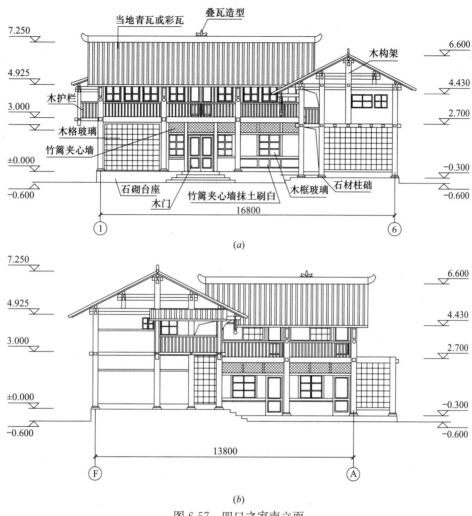

图 6-57 四口之家南立面

（a）四口之家南立面；（b）四口之家西立面

图片来源：课题组创作

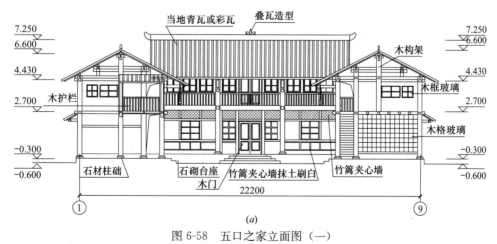

图 6-58 五口之家立面图（一）

（a）五口之家南立面

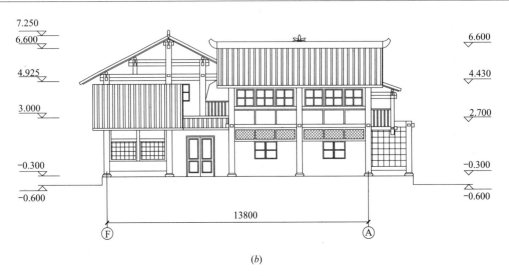

(b)

图 6-58　五口之家立面图（二）

（*b*）五口之家西立面

图片来源：课题组创作

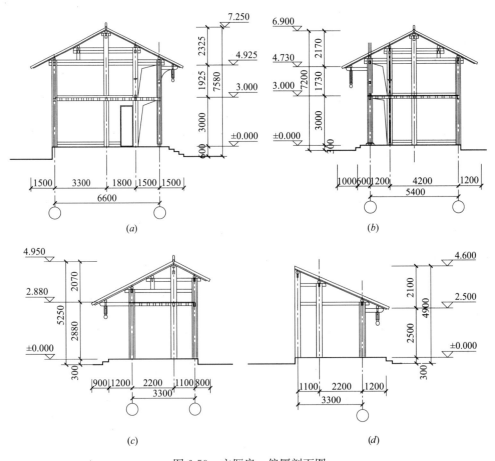

图 6-59　主厢房、偏厦剖面图

（*a*）主房剖面；（*b*）厢房剖面一；（*c*）厢房剖面二；（*d*）偏厦剖面

图片来源：课题组创作

6.4.5 建设现状

截至 2008 年底，四川大坪村重建示范工程已全部建成。2009 年年初，村民搬入新居。后该项目在大坪村又继续推广建设多达 200 余户（如图 6-60，图 6-61）。目前，村民入住达一年半之久，大都从对旧家园的向往和留恋中，逐步产生对新建家园的归属和认同。据调研结果统计，村民对新建民居满意度高达 95％（如图 6-62）。

图 6-60　新建大坪村聚落一
图片来源：刘加平教授拍摄

图 6-61　新建大坪村聚落二
图片来源：刘加平教授拍摄

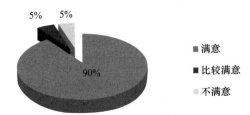

图 6-62　新建民居满意度
图片来源：作者调查统计绘制

6.5　地域建筑基本属性及其层级关系的检验与评价

示范工程完工后，于 2009 年 7 月和 2010 年 2 月分别对建成建筑与环境进行主观评价与客观测试。

6.5.1　结构安全

在对 44 户示范户的调查中发现，大部分村民认为房屋的结构安全性主要取决于地基条件、支撑结构、构造材料三个方面，但也有少数人认为与地形地理条件有关。在设计方案中，我们采取了木、钢—木结构形式，并在屋架与梁、柱交接处采取了整体性加强措施，在柱与基础连接处采取了加固措施。调查数据表明，示范户中有95%的村民对新建房屋的结构安全性表示满意，认为能够抵抗地震灾害。在2011年5月12日的访问中，部分村民向笔者袒露，前些日子接二连三地发生过小型地震，没有出现村民们惊慌失措的呼叫和逃离的景象，显示了村民们对新建建筑的抗震性能的自信态度与满意程度。

6.5.2　功能便利

（1）建筑空间

大坪村新民居设计考虑了清晰明确的功能分区，将公共空间与私密空间、洁净空间与污浊空间合理划分，有效组织，相互联系又互不干扰，最终达到功能-空间的便利性。以"L"形布局平面为例，见图6-63。

1）堂屋

由于我国农村大都遵从尊卑有序观念，新建住宅保留了传统的"堂"的做法。中间为尊，即为堂。在调研中发现，无论是3间房还是5间房，90%以上的民居堂屋的开间基本为3.9~4.2m，进深5.1m，净高3.0m，面积约为20m²，宽于左右卧室开间。堂屋正中摆放供台，墙面粘贴佛祖、先辈画像，用以祭祀。

2）卧室

主要卧室近邻堂屋而设，开间3.6m，进深5.1m，净高2.8m，卧室面积约为18m²。次卧一般设于厢房，开间为3.6m，进深为4.2m，面积15m²。

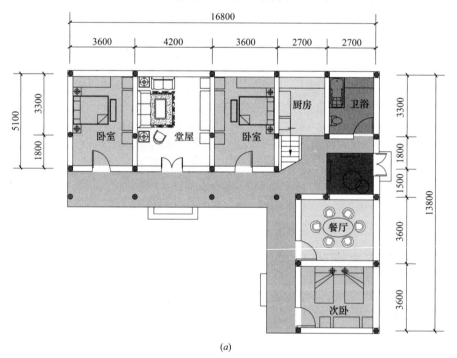

(a)

图6-63　"L"形布局平面（一）

（a）一层平面

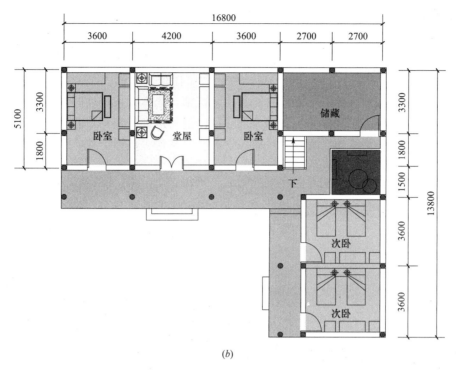

图 6-63 "L"形布局平面（二）

（b）二层平面

3）厨房

在调研过程中，我们发现当地的厨房大多都布置在厢房或耳房的部位。这种布置的方法使得厨房和生活用房保持一定的距离，不至于油烟进入室内，但可通过廊道连接，方便通达。同时厨房和厕所、猪圈、沼气房大多设置在一起，厕所及猪圈共同产生的沼气可直接提供给厨房作为炊事能源，这样的设计方便了农户收集再生能源，提高了绿色能源的利用率。

4）卫生设施

新建的卫生间基本上是旱厕，但也有 5% 的住户还将卫生间建造成带冲水设备以及洗浴设施的卫生间，基本达到了城市的标准。厕所大多和厨房组合在一起，规模大的民居还欲将旱厕、猪圈、沼气房一体化，这样的设计符合农户的使用习惯，还可以满足炊事用能以及蔬菜生产用肥的需要。如此，就地取能，解决了农村能源使用的问题，预留修建沼气池的地。

5）廊

调研中发现，新建住宅以连廊形式连接堂屋、卧室、厨房、餐厅、卫生间等使用空间，成为组织各功能空间的主要方式。挑檐提供遮阳、遮雨雪之用。据实地测量，廊的进深从 2.1～2.9m 不等。这种尺度的廊下空间承载交通、聚集、聊天、打牌、晾晒谷物等功能，成为村民生活中不可或缺的部分。

6）储藏空间

上文分析的农户的生产生活状况可知，农户的日常生活离不开耕作，储藏空间是必要的，可用来放置农具、农作物、干柴等。为了节约空间，有的农户利用吊顶之上的空间作储藏之用。

（2）公共设施

大坪村重建项目，除居住建筑外，考虑到村民公共生活与发展经济的需要，在社会捐助下修建了11栋公共建筑，分别是乡村诊所，村民公共活动中心（又称书院，包括图书室、会议室、餐厅），乡村客栈，手工绣坊等。与居住建筑不同的是，这些公建采用钢—木结构体系，屋面采取红瓦，而非小青瓦，以示区别；墙体构造措施与民居相同。这些公建大都位于地势相对平坦的墨子坪、谢家坪，这两处与水坪、颜家坪相距不远，仅几分钟路程。这些公共设施的修建，方便村民就医、开会、学习、集体劳作，同时为旅游接待提供会议、住宿、用餐等空间。既为当地人集体生活提供场所，也为经济发展提供可能。绣坊就是典型，妇女们互相学习并提高刺绣手艺，不仅成为村民家长里短的交流平台，也架起了大山深处与外界经济联系的桥梁。书院（如图6-64）自不用说，更是发展旅游经济的硬件设施。新聚落建成后，书院完全就承担起到访者会议、用餐、住宿的接待任务。

图6-64　大坪村"书院"建筑

（3）道路

由彭州市政府出资修建的公路已经从通济镇铺设至大坪村，改善了往日泥泞不堪的恶劣的交通条件，加强与外界联系，给村民出行和发展经济带来极大便利。

6.5.3　成本经济

1. 建造成本

调查统计，在示范工程44户中，一口之家有1户；两口之家有9户，三口之家有12户；四口之家有14户；五口之家有6户；六口之家有2户。各户建房规模及建房用款统计如表6-3所示：

建房规模及预算　　　　　　　　　　　　　　　　　　　　表6-3

家庭规模（人）	建房规模（间）	建房预算（人民币：元）	救济款额（人民币：元）	家庭支付款额（人民币：元）
1	3	30，000	21，000	9，000
2	2～6	33，000～60，000	26，000	7，000～34，000
3	3～7	42，000～90，000	31，000	11，000～49，000
4	3～9	34，000～110，000	38，000	4，000～72，000
5	3～6	40，000～120，000	43，000	0～67，000
6	3～7	60，000～80，000	48，000	12，000～32，000

2. 运行成本

在2009年7月与2010年2月的调查中发现，大坪村村民夏季没有使用空调、风扇，冬季没有采取取暖措施，说明建筑的空调采暖能耗为零。因此，村民无该方面经济付出。

由于建造技术是在当地传统技术基础上的改进，村民熟悉并容易运用，因此，维修费用基本也可节省和降低。日常生活能耗主要包括照明、炊事、热水等。

6.5.4　环境舒适

示范工程完工后，笔者与课题组成员对室内环境舒适度进行客观测试与主观访问调查。其中，客观测试部分包括新建民居与当地原有民居的冬、夏季室内热环境对比测试，新建民居夏季室内光环境测试；主观问卷调查包括：新建民居冬、夏季室内白天、夜晚的热感觉，湿感觉，通风及采光情况等。大坪村地处幽远偏僻的龙门山脉，远离城市工业区。该村噪声源主要是乡村的鸡鸣、犬吠、猪哼等，背景噪声低，处于舒适范围。因此，客观测试中没有针对声环境进行测试。

1. 客观测试

测试分夏、冬两季展开，选取一栋新建的木结构建筑（如图 6-65）与一栋地震中尚存的旧建筑作为研究对象（如图 6-66）。新民居为单层，采用传统的穿斗式木构架结构体系；墙体构造分为两部分，1.5m 以下采用 200mm 黏土砖砌筑，1.5m 以上采用 20mm 柳沙松木板＋30mm 聚苯乙烯泡沫塑料＋20mm 柳沙松木板；双坡屋面，木屋架上铺设小青瓦。旧民居为单层，采用砖木结构，穿斗式木结构体系；120mm 砖墙围护结构；双坡屋面，木屋架上铺设小青瓦。测试参数包括室内外空气温度，室内外相对湿度，室内风速等。测试仪器主要为 175-H2 自计式温湿度计、热舒适仪、热电偶测温仪、红外测温仪、风速仪及 TES 1332A 照度计等。

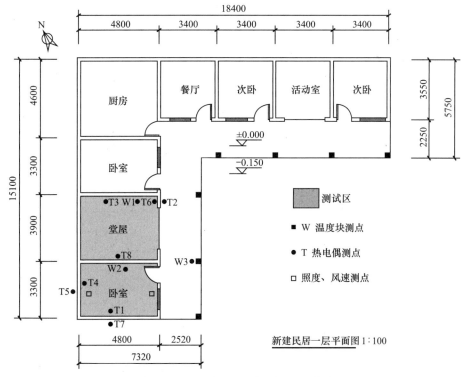

图 6-65　新民居测试对象平面图及布点

图片来源：安赟刚绘制

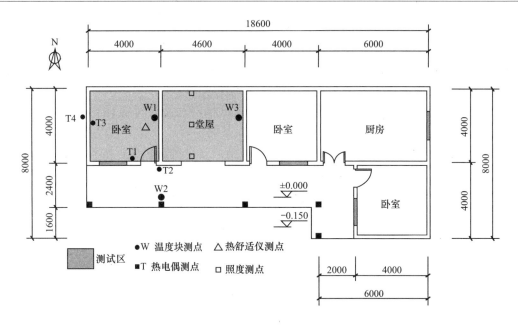

原有民居一层平面图　1∶100

图 6-66　旧民居测试对象平面图及布点
图片来源：唐方伟绘制

（1）夏季测试

夏季测试时间为 2009 年 7 月 22～25 日。

由图 6-67 可知夏季测试期间室外空气温度变化较大，范围在 19.1℃～28.2℃之间，平均温度为 23.2℃；新建民居室内空气温度变化范围为 19.8℃～25.3℃，最低和最高温度分别出现于 7：00 时，12：00 时和 13：00 时，平均气温为 22.7℃。旧民居室内空气温度变化范围在 19.8℃～24.0℃，平均温度为 21.9℃。

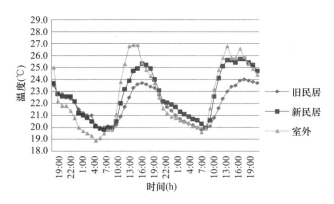

图 6-67　新、旧民居夏季室内外温度
图片来源：课题组测试，作者绘制

由图 6-68 可知夏季室外空气相对湿度变化范围为 63%～100%，平均相对湿度为 87.1%，新建民居室内空气相对湿度变化范围 74%～93%，其平均相对湿度 85.6%，与旧民居室内空气平均相对湿度 88.4% 相比降低了 2.8 个百分点。

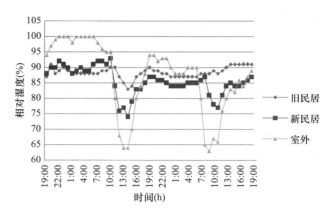

图 6-68　新、旧民居夏季室内、外相对湿度
图片来源：课题组测试，作者绘制

由图 6-69 可知，新建民居室内照度值从窗口随进深方向呈现递减趋势。尽管方案设计中减小房间进深，但为尊重当地人生活习惯，建筑后墙不开窗，因此造成该趋势。

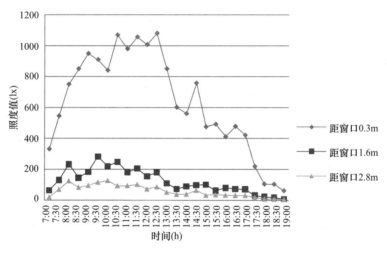

图 6-69　新建民居夏季室内照度值
图片来源：课题组测试，作者绘制

由图 6-70 可知夏季新民居室内风速在 0.045～0.148m/s 之间变化，平均风速 0.092m/s，通风状况良好。旧民居室内风速 0.022～0.098m/s，平均风速 0.067m/s，低于新民居室内风速。

（2）冬季测试

冬季测试时间为 2010 年 2 月 7～11 日。

图 6-71 显示，室外温度变化范围在 6.6℃～8.1℃。新民居室内最高温度为 8.3℃，出现在 16：00，最低温度为 7.4℃，出现在 8：00，平均温度 7.8℃。旧民居室内温度 6.4℃～6.9℃，平均温度 6.6℃。与旧民居相比，新民居室内温度提高了 1.2℃。

图 6-72 显示，室外相对湿度变化范围在 80%～85%，平均相对湿度为 83%。新民居室内相对湿度变化范围 82%～88%，平均相对湿度为 85%。旧民居 82%～85%，平均相对湿度 84%。由此可见，新、旧民居平均相对湿度相差无几。

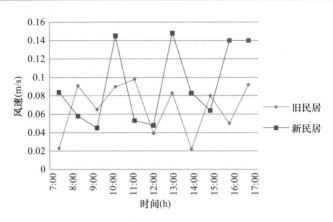

图 6-70　新、旧民居夏季室内风速
图片来源：课题组测试，作者绘制

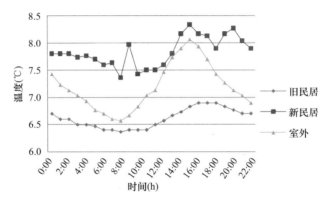

图 6-71　新建民居冬季室内外温度
图片来源：课题组测试，作者绘制

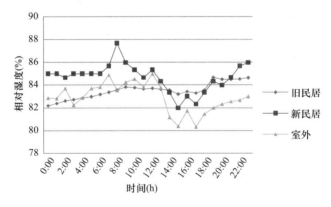

图 6-72　新、旧民居冬季室内外相对湿度
图片来源：课题组测试，作者绘制

2．主观调查

调查部分主要通过问卷形式，询问当地 44 户村民冬、夏季的室内冷热，潮湿，通风，采光等触、视觉主观感受，通过收集、整理和统计，了解当地居民对新建民居的舒适感觉。

居民冬夏季白天和夜晚的冷热感觉如图 6-73～图 6-76 所示。由图可知 59％的村民感觉新建建筑冬季白天不冷，而 32％的人感觉冬季白天冷；45％的村民感觉新建民居冬季夜间不冷，而 36％的居民感觉住宅中冬季夜间冷，由此可知住宅中冬季夜晚比白天冷；对于夏季白天或夜间，有 91％的居民认为室内不热，说明夏季室内热环境良好，而冬季室内热环境相对要差些。

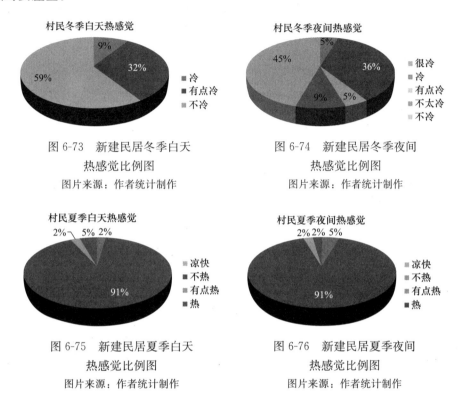

图 6-73　新建民居冬季白天
热感觉比例图
图片来源：作者统计制作

图 6-74　新建民居冬季夜间
热感觉比例图
图片来源：作者统计制作

图 6-75　新建民居夏季白天
热感觉比例图
图片来源：作者统计制作

图 6-76　新建民居夏季夜间
热感觉比例图
图片来源：作者统计制作

对于夏季住宅室内的湿环境状况，走访到的 44 位村民有各自不同的感觉，如图 6-77 所示。48％的居民认为新建民居内不潮湿；而 30％的居民认为室内潮湿，并且潮湿的季节大部分在夏季。由此说明住宅内存在潮湿的问题，影响到室内的舒适度。

通过对当地 44 户住宅通风情况及采光情况的调查，我们得出图 6-78～图 6-80。由此可知，73％的居民对室内通风满意，且 89％的居民对室内采光情况满意，此外 61％居民认为室内无灰尘。

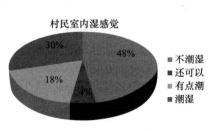

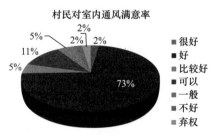

图 6-77　新建民居室内湿感觉满意率
图片来源：作者统计制作

图 6-78　新建民居室内通风满意率
图片来源：作者统计制作

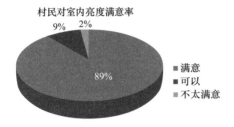

村民对室内亮度满意率

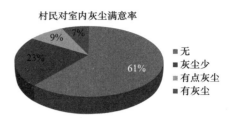

村民对室内灰尘满意率

图 6-79　新建民居室内亮度满意率

图片来源：作者统计制作

图 6-80　新建民居室内灰尘状况满意率

图片来源：作者统计制作

3. 评价

由主观调查可知，91%的居民认为夏季室内温度可接受，表明夏季室内温度满足ASHRAE55-1992[①]标定的热舒适需求，即满足至少80%人群的舒适区。

通过改进建筑外围护结构保温、隔热措施，冬季室内平均温度比原有砖木民居有所提高，虽然提高幅度不大，但村民反映可通过添加衣物方式而不采取任何采暖设施越冬。之所以未达舒适要求，其主要原因在于村民在实际建设中注重了墙体的保温措施，忽略了屋顶部分的保温措施。

由《中国建筑节能年度发展研究报告》可知，室内达到舒适性的相对湿度为30%~70%。无论冬、夏季，室内空气相对湿度都超出舒适范围。夏季新民居室内相对湿度低于旧民居，缘于建筑设计中注重室内自然通风的组织。冬季新、旧民居内相对湿度相差不大，原因在于：（1）大坪村所处山区，室外空气相对湿度过大；（2）木、竹等材料的吸湿性能大于砖砌体材料。

6.5.5　形式多样

大坪村是典型的川西山区村庄，依靠龙门山脉，自然环境优美。因此，建筑与自然环境的融合成为地域建筑最明显的特征。新民居建设中，以"一"字形布局为主，一般修建"L"形（如图6-81，图6-82），家庭人口较多和经济情况较好者多采用"U"形的空间布局形态。主房与厢房的构图关系，给新建与加建带来极大的灵活度，根据人口规模的增加和经济情况的好转，可随时在主房两侧增加厢房（如图6-83）。在主房与厢房交接处往往布置厨房、楼梯间等功能，是建筑内的辅助空间，因此在建筑体量上或融于主房体量之内，

图 6-81　新建民居建筑单体一

图 6-82　新建民居建筑单体二

---

① ASHRAE. ANSI/ASHRAE 55-1992，. Thermal environmental conditions for human occupancy. Atlanta：American Society of Heating，Refrigerating and Air Conditioning Engineers，Inc. 1992.

或单独成体，略低于主房（如图6-84），成为主、厢房的过渡空间。设计中以木板墙体和小青瓦为主要材质，意在与自然环境融合。实际建设中，部分村民在按照设计图纸建造与施工的前提下，根据个人喜好给墙面涂刷乳胶漆，在郁郁葱葱树林的掩映下白色墙体使建筑更加醒目，另有一番风味。从图6-84中，能够清晰看出，俊秀的木构形态与主、厢房搭配的主从关系体现了典型的川西风格，这一风格在自然山体与林木掩映下与自然环境融为一体（如图6-85，图6-86）。

图6-83 新建民居建筑单体三

图6-84 新建民居建筑单体四

图6-85 新建民居聚落夏季景象
图片来源：北京地球村环境文化中心提供

图6-86 新建民居聚落冬季景象
图片来源：北京地球村环境文化中心提供

6.5.6 生态环保

在调查走访中统计，新建民居外墙基本都采取木板＋木龙骨＋聚苯乙烯泡沫塑料＋木龙骨＋木板的构造措施，屋面则采取屋架上直接铺瓦的做法。据估算，这一保温隔热措施的实施，使新建建筑的空调与采暖能耗在原有基础上至少降低70％。关于可再生能源利用方面，大坪村村民按照猪圈＋旱厕＋沼气池的一体化设计意图。问卷调查统计，至2009年7月，约有72％的农户正在修建沼气池或者已经建成沼气池并投入使用，这将方便农户对能源的使用，同时减少了对薪柴等传统能源的使用。据估算，新建民居能源消耗中大约50％来自可再生资源，其余50％来自电力、薪柴等。

新民居建设大都遵从"一"字形、"L"形、"U"形的建筑布局形式，利用建筑形体围合院落，布局紧凑，节约用地。鉴于大坪村依山傍水，拥有丰富的林木资源，新建民居在适度范围内选用木材，并重新利用原有建筑中回收的木材，符合生态建筑就地取材的原则。

6.5.7 评价

通过上述对六项地域建筑基本属性的主观调查与客观测试，结果显示，依照前文构建的步骤和提出的策略进行的建筑创作，不仅能够解决乡村建筑更新中存在的结构安全隐患、室内环境质量差、功能空间简单杂糅、地域风貌缺失等地域建筑本质问题，更重要的是解决了乡村建筑能耗高、污染物排放多的问题。同时，依照前文建构的更新方法，创作出的地域建筑不仅满足人类基本的生理、心理需求，更重要的是满足社会持久发展的需要，实现了西部地域建筑生态化发展的目标。

建筑创作"地区性"的价值不仅在于创作出适合于当地的建筑形式，这是浅显和表象的价值表现；其真正价值在于建筑契合当代社会文化、技术背景，采用现代建筑技术，既满足现代生产生活又具备地域风貌的现代地域建筑。更重要的是做到了生态环保的目标，这才是目前地区建筑更深刻的价值所在。正是由于遵循了地域建筑更新理论体系，大坪村新建筑创作不仅适宜于当地建筑形式，还完成了从表象价值向内在价值的转变与超越。

结　束　语

全球化造成了城市空间与建筑形态的趋同、建筑地域特色的丧失，造成了历史文化的割裂与自然环境的不可持续等问题。这些问题在城市有所体现，在乡村表现得更为突出。城市化过程中，乡村建筑在传统文化、民族特色、宗教信仰、生态环境等方面受到现代生产生活方式的强烈冲击，表现出乡村建设趋同，缺乏地区特色等。

批判性地域主义建筑理论从理念上解决了全球化时期人们对建筑现代化与多元化并存的双重要求与挑战问题。但是，批判性地域主义建筑理论家们以发达国家的立场与视角发表对发展中国家与地区地域建筑创作的观点，对于我国西部地区而言还未形成行之有效的操作方法。其次，虽然秉持开放的态度接受现代技术，但在面对技术威胁生态环境的紧迫问题时，却未提供具体的解决方案。

面对我国西部地域建筑在现代化更新中普遍存在的空间无法满足现代生产生活需求、室内环境舒适度差、建筑结构存在安全隐患、资源能源利用率低、地域风貌缺失等缺陷的问题，秉持批判性地域主义的理念，形成适宜于西部地区的建筑更新理论是当务之急。

基于上述问题，本书提出了建筑基本属性的概念。在归纳历史与调查研究的基础上，提出结构安全、功能便利、经济有效、环境舒适、形式美观、社会生态等六项建筑基本属性，并针对西部乡村建筑提出了具体的可操作的更新策略。

书中借助"系统论"中的整体性原理、目的性原理、结构功能相关律、优化演化律等观点分析认为建筑内部各属性之间的关系必然存在从完成人的生理需求到完成社会需求的最优化路线。运用马斯洛的"需求层级理论"，遵从建筑满足人的生理需求、心理需求、社会需求的人类社会客观发展规律，从理论上探讨了建筑基本属性之间的关系，初步形成由低到高的属性层级关系。与此同时，以笔者为主的课题组成员对我国西部地区乡村建筑的基本属性关系采取大规模主观调查与访问。在数据整理与统计的基础上，得到人们对建筑基本属性的实际需求遵从"结构安全→功能便利→经济有效→环境舒适→形式美观→社会生态"这一由低到高的层级关系。该层级关系的确立，成为西部地域建筑在全球化、现代化、城市化进程中迈向可持续发展的绿色更新步骤。

在四川省彭州市通济镇大坪村地域建筑更新研究中，团队成员应用了上述策略与步骤，注重地域建筑基本属性在更新实践中的逐级满足情况，并开展示范工程建设。在后续追踪评价中，对地域建筑基本属性的满足情况进行主观调查与客观测试，验证了原理与方法的可行性。

由此，上述原理与方法成为西部地域建筑绿色更新的理论体系，也成为批判性地域主义理论在我国西部的具体化实践方法。这一研究不仅满足了延续和发展地区建筑文化特色的需要，还为地域建筑应对全球化、现代化趋势提供了有价值的地区参考，完善了地域建筑创作理论。

西部地区涵盖范围极广，建筑类型多样，地区差异极大，建筑所体现的地区特色千差万别。鉴于笔者能力、精力、学识的限制，仅以极具地域特色的乡村建筑为典型代表，浅尝辄止地探讨了西部地区建筑的共性特征，也仅以川西地区的建筑调查与实践案例来佐证研究结论，对理论研究而言无论从深度还是广度上都远远不够深入和全面，这也将是笔者今后工作的方向与重心。

参 考 文 献

第 1 章

[1] 郑时龄. 当代中国的城市化与全球化 [N]. 文汇报，2004-08-08.

[2] 周光召，牛文元. 中国可持续发展战略 [M]. 北京：西苑出版社，2003.

[3] 陆大道等. 2002 中国区域发展报告 [M]. 北京：商务印书馆，2003.

[4] 国家统计局. 2010 年第六次全国人口普查主要数据公报 [EB/OL]. 国家统计局网，2011-04-28.

[5] 宋春华. 小康社会初期的中国住宅建设 [J]. 建筑学报，2002（1）：4-9.

[6] 国家统计局. 2010 年第六次全国人口普查主要数据公报 [EB/OL]. 国家统计局网，2011-04-28.

[7] 清华大学建筑节能研究中心. 中国建筑节能年度发展研究报告 2008 [M]. 北京：中国建筑工业出版社，2008.

[8] 李晓峰. 乡土建筑——跨学科研究理论与方法 [M]. 北京：中国建筑工业出版社，2005.

[9] http://baike.baidu.com/view/1313678.htm? fr＝ala0_1

[10] （美）拉普卜特. 宅形与文化 [M]. 常青等译. 北京：中国建筑工业出版社，2007.

[11] 转引自（美）拉普卜特. 宅形与文化 [M]. 常青等译. 北京：中国建筑工业出版社，2007：2. 注释部分. 原文见康斯坦丁诺斯·A·多西亚迪斯. 建筑的变迁. 伦敦：哈钦森有限公司，1964：71-75.

[12] 单军. 建筑与城市的地区性 [M]. 北京：中国建筑工业出版社，2010.

[13] 夏建中. 文化人类学理论流派 [M]. 北京：中国人民文学出版社，1997.

[14] 秦大河，王绍武，董荣光. 中国西部环境演变评估. 第一卷：中国西部环境特征及其演变 [M]. 北京：科学出版社，2002.

[15] 国家统计局. 2010 年第六次全国人口普查主要数据公报 [EB/OL]. 国家统计局网，2011-04-28.

[16] 国家统计局. 2010 年第六次全国人口普查主要数据公报 [EB/OL]. 国家统计局网，2011-04-29.

[17] （日）原广司. 世界聚落的教示 100 [M]. 于天祎，刘淑梅，马千里译，王昀校. 北京：中国建筑工业出版社，2003.

[18] 林楠. 在神秘的面纱背后——埃及建筑师哈桑·法赛评析 [J]. 世界建筑，1992，6：67-72.

[19] 叶晓健. 查尔斯·柯里亚的建筑空间 [M]. 北京：中国建筑工业出版社，2003.

[20] Charles Correa. Form Follows Climate. Architecture Record. 1980 (7)：89-99.

[21] （印度）桑加迪. 印度建筑的未来.[J]. 周湘津译. 邹德侬校. 新建筑，1993，1：57.

[22] 刘敦桢. 中国住宅概说 [M]. 天津：百花文艺出版社，2004.

[23] 王军云. 中国民居与民俗 [M]. 北京：中国华侨出版社，2007.

[24] 李秋香. 乡土民居 [M]. 天津：百花文艺出版社，2009.

[25] 陆元鼎. 中国民居建筑丛书 [M]. 北京：中国建筑出版社，2009.

[26] 荆其敏，张丽安. 中外传统民居 [M]. 天津：百花文艺出版社. 2004.

［27］ 刘敦桢. 中国住宅概说［M］. 天津：百花文艺出版社. 2004.

［28］ 郭谦. 湘赣民系民居建筑与文化研究［M］. 北京：中国建工出版社. 2005.

［29］ 尼跃红. 北京胡同四合院类型学研究［M］. 北京：中国建筑工业出版社，2004.

［30］ 王翠兰，陈谋德. 云南民居［M］. 北京：中国建筑工业出版社，1986.

［31］ 侯继尧. 窑洞民居［M］. 北京：中国建筑工业出版社，1989.

［32］ 严大椿. 新疆民居［M］. 北京：中国建筑工业出版社，1995.

［33］ 侯继尧，王军. 中国窑洞［M］. 北京：中国建筑工业出版社，1999.

［34］ 牛建农. 广西民居［M］. 北京：中国建筑工业出版社，2008.

［35］ 陆元鼎. 中国民居建筑［M］. 广州：华南理工大学出版社，2003.

［36］ 赵新良. 诗意栖居：中国传统民居的文化解读［M］. 北京：中国建筑工业出版社，2009.

［37］ 陈志华，李秋香. 楠溪江中游（中华遗产乡土建筑）［M］. 北京：清华大学出版社，2010.

［38］ 陈志华，李秋香. 诸葛村（中华遗产乡土建筑）［M］. 北京：清华大学出版社，2010.

［39］ 黄汉民. 福建土楼：中国传统民居的瑰宝［M］. 北京：生活. 读书. 新知三联书店，2003.

［40］ 孙大章. 中国民居研究［M］. 北京：中国建筑工业出版社，2004.

［41］ 单德启. 欠发达地区传统民居集落改造的求索——广西融水苗寨木楼改建的实践和理论探讨［J］. 建筑学报，1993，4：15-19.

［42］ 单德启等. 中国传统民居图说：徽州篇、桂北篇、越都篇、五邑篇［M］. 北京：清华大学出版社，1998-2000.

［43］ 单德启. 从传统民居到地区建筑［M］. 北京：中国建材工业出版社，2004.

［44］ 单德启，袁牧. 融水木楼寨改建18年——一次西部贫困地区传统聚落改造探索的再反思［J］. 世界建筑，2008，07：21-29.

［45］ 柏文峰. 云南民居结构更新与天然建材可持续利用［D］. 北京：清华大学，2009.

［46］ 胡海红，柏文峰. 探索传统民居合理的更新途径——以西双版纳曼景法村傣族民居更新实践为例［J］. 建筑科学. 2006，22（6A）：61-64.

［47］ http://www.atelier-3.com/mediawiki/index.php/Main_Page.

［48］ 聂晨，杨健. 茂县太平乡杨柳村灾后重建——轻钢结构房屋体系示范生态重建［J］. 建设科技. 2010，5（9）：44-48.

［49］ 吴良镛. 人居环境科学导论［M］. 北京：中国建筑工业出版社，2006.

［50］ 魏秦. 黄土高原人居环境营建体系的理论与实践研究［D］. 杭州：浙江大学，2008.

第2章

［1］ 王受之. 世界现代建筑史［M］. 北京：中国建筑工业出版社，2009.

［2］ 许力主编，吴焕加，刘先觉等. 现代主义建筑20讲［M］. 上海：上海社会科学院，2006.

［3］ 许力主编，薛恩伦，李道增等著. 后现代主义建筑20讲［M］. 上海：上海社会科学院出版社，2005.

［4］ 罗小未. 外国近现代建筑史（第二版）［M］. 北京：中国建筑工业出版社，2004.

［5］ （英）德里克·艾弗里. 现代建筑［M］. 严华，陈万蓉译. 北京：中国建筑工业出版社，2008.

［6］ （意）曼弗雷多·塔里夫，弗朗切斯科·达尔科，现代建筑［M］. 刘先觉等译. 北京：中国建筑工业出版社，2010.

［7］ 萧默. 世界建筑艺术［M］. 武汉：华中科技大学出版社，2009.

［8］ （美）肯尼斯·弗兰姆普顿. 现代建筑——一部批判的历史［M］. 张钦楠等译. 北京：生活·

读书·新知三联书店，2004.

[9] （英）彼得·柯林斯. 现代建筑设计思想的演变 [M]. 英若聪译. 北京：中国建筑工业出版社，2003.

[10] William J. R. Curtis. Modern Architecture Since 1900（3ʳᵈed）. London：Phaidon，1996.

[11] 中国城市科学研究会绿色建筑与节能专业委员会绿色人文学组. 绿色建筑的人文理念 [M]. 北京：中国建筑工业出版社，2010.

[12] 牛建宏. 建筑——最大能耗"黑洞" [J]. 中国经济周刊，2007，（41）：18-22.

[13] 林宪德. 绿色建筑——生态·节能·减废·健康 [M]. 北京：中国建筑工业出版社，2007.

[14] 美国不列颠百科全书公司，中国大百科全书出版社. 不列颠百科全书：国际中文版. 14：International Chinese Edition [M]. Ptolemy--Sampan. 北京：中国大百科全书出版社，2007.

[15] 中国百科大辞典编委会编. 中国百科大辞典 [M]. 北京：华夏出版社. 1990.

[16] （荷）亚历山大·楚尼斯，利亚纳·勒费夫尔. 批判性地域主义——全球化世界中的建筑及其特性 [M]. 王丙辰译，汤阳校. 北京：中国建筑工业出版社，2007.

[17] 杨子坤，赖聚奎. 返璞归真，蹊辟新径——武夷山庄建筑创作回顾 [J]. 建筑学报. 1985，（1）：16.

[18] 夏昌世，鼎湖山教工休养所建筑记要 [J]. 建筑学报，1956：45.

[19] 王吉，李德华. 同济教工俱乐部 [J]. 建筑学报，1958：18.

[20] 汪芳. 查尔斯柯里亚 [M]. 北京：中国建筑工业出版社，2006.

[21] 彭克宏主编. 社会科学大词典 [M]. 北京：中国国际广播出版社，1989.

[22] 郑时龄，薛密编译. 国外著名建筑师丛书：黑川纪章 [M]. 北京中国建筑工业出版社，2004.

[23] http://www.pritzkerprize.com/laureates/1980/ceremony_speech1.html

[24] Hassan Fathy. Architecture for the poor：an experiment in rural Egypt [M]. Chicago：University of Chicago Press，2000.

[25] 吴良镛. 广义建筑学 [M]. 北京：清华大学出版社，1989.

[26] E. F. 舒马赫. 小的就是美好的 [M]. 北京：商务印书馆，1984.

[27] 陈晓扬，仲德崑. 地方性建筑与适宜技术 [M]. 北京：中国建筑工业出版，2007.

[28] 谭良斌，周伟，马珩，刘加平. 云南彝族新乡村生土民居可持续性设计研究 [J]. 山东建筑大学学报，2009，24（6）：500-505.

[29] 刘丹，杨柳，胡冗冗，刘加平. 关中典型地区新型农宅节能设计探讨 [J]. 建筑节能，2010，38（3）：7-10.

[30] 刘加平，成辉，周伟，廖晓义. 低碳重建——生态聚落大坪村 [J]. 建设科技，2010（9）：38-43.

[31] 谭良斌. 西部乡村生土民居再生设计研究 [D]. 西安：西安建筑科技大学，2008.

[32] 赵西平，刘元，刘加平. 秦岭山地传统民居冬季热工性能分析 [J]. 太原理工大学学报，2006，37（5）：565-567.

[33] 《采暖通风与空气调节设计规范》GB 50019—2003.

[34] 胡冗冗，成辉. 西部乡村民居发展与更新问题探讨 [J]. 南方建筑，2010（5）：48-50.

[35] 胡冗冗，刘加平. 西藏农区乡土民居演进中的问题研究 [J]. 西安建筑科技大学学报（自然科学版），2009，41（3）：380-384.

[36] HU Rongrong，LIU Jiaping，CHENGHui andZHOUWei. SUSTAINABLE RURAL HOUSE DESIGN IN POST-QUAKE RECONSTRUCTION [C]// 7th International Conference on Ur-

ban Earthquake Engineering (7CUEE) &5th International Conference on Earthquake Engineering (5ICEE)，Tokyo Institute of Technology，Tokyo，Japan March 3-5，2010.

[37] United Nations. 1987. "Report of the World Commission on Environment and Development." General Assembly Resolution 42/187，11 December 1987. Retrieved：2007-04-12

[38] 世界环境与发展委员会. 我们共同的未来［M］. 长春：吉林人民出版社，1997.

[39] 吴良镛. 北京宪章［J］. 时代建筑，1999. 3

[40] 庄惟敏. 建筑的可持续发展与伪可持续发展的建筑［J］. 建筑学报，1998：55.

[41] 冉茂宇，刘煜. 生态建筑［M］. 武汉：华中科技大学出版社，2008.

第3章

[1] 王同亿编译. 英汉辞海［M］. 北京：国防工业出版社，1990.

[2] 吴良镛. 世纪之交的凝思：建筑学的未来［M］. 北京：清华大学出版社，1999.

[3] 沈克宁. 批判的地域主义［M］//沈克宁. 当代建筑设计理论——有关意义的探索. 北京：中国水利水电出版社，知识产权出版社，2009：141.

[4] Alexander Tzonis and Liane Lefaivre. The Grid and the Pathway. *Architecture in Greece*，1981，No. 5.

[5] 亚历山大·楚尼斯. 全球化的世界、识别性和批判地域主义建筑［J］. 陈燕秋，孙旭东译. 国际城市规划，2008，23（4）：115-118.

[6] 李泽厚. 批判哲学的批判——康德述评［M］. 北京：人民出版社，1984.

[7] 刘晓竹. 康德《纯粹理性批判》评析——序言·导论·先验感性论篇［M］. 北京：中国妇女出版社，2002.

[8] 单军. 建筑与城市的地区性：一种人居环境理念的地区建筑学研究［M］. 北京：中国建筑工业出版社，2010：124.

[9] （荷）亚历山大·楚尼斯，利亚纳·勒费夫尔. 批判性地域主义——全球化世界中的建筑及其特性［M］. 王丙晨译. 北京：中国建筑工业出版社，2007.

[10] Kenneth Frampton. Towards a critical regionalism：six points foran architecture of resistance［M］//H. Foster. *Postmodern culture*. London：Pluto Press；1983：16-30.

[11] （美）肯尼斯·弗兰姆普顿. 现代建筑——一部批判的历史［M］. 张钦楠等译. 北京：生活·读书·新知三联书店，2004.

[12] 李河，刘继译. 海德格尔［M］. 北京：中国社会科学出版社，1989.

[13] 刘先觉. 现代建筑理论：建筑结合人文科学自然科学与技术科学的新成就［M］. 北京：中国建筑工业出版社，2008.

[14] 斯汀·拉斯姆森. 建筑体验［M］. 刘亚芬译. 北京：中国建筑工业出版社，1990.

[15] 肯尼斯·弗兰姆普顿. 千年七题：一个不适时的宣言——国际建协第20届大会主旨报告［J］. 建筑学报，1999，8：11-15.

[16] 陈飞. 生态意义的理解与表达——从吉巴欧文化艺术中心看待生态建筑的创作［J］. 建筑师，2005，12：78-82.

[17] （英）维基·理查森. 新乡土建筑［M］. 吴晓，于雷译. 北京：中国建筑工业出版社，2004.

[18] 付瑶，管飞吉. 传统与现代的完美结合——特吉巴欧文化中心浅析［J］. 沈阳建筑大学学报（社会科学版），2008，10（1）：14-18.

[19] （美）肯尼斯·弗兰姆普顿. 20世纪世界建筑精品集锦（1900-1999）第十卷［M］. 张钦楠译. 北京：中国建筑工业出版社，1999.

[20] 吴良镛. 国际建协《北京宪章》--建筑学的未来［M］. 北京：清华大学出版社，2002.

［21］ 李素清. 黄土高原生态恢复与区域可持续发展研究［D］. 太原：山西大学，2003.

［22］ 周若祁等. 绿色建筑体系与黄土高原基本聚居模式［M］. 北京：中国建筑工业出版社，2007.

［23］ 魏秦. 黄土高原人居环境营建体系的理论与实践研究［D］. 杭州：浙江大学，2008.

［24］ 童丽萍，张晓萍. 生土窑居的存在价值探讨［J］. 建筑科学，2007，23（12）：7-9.

［25］ （美）Samuel P. Huntington. The Clash of Civilization and The Remarking of world Order［M］. New York：Simon & Schuster Inc，1998.

第 4 章

［1］ 彭克宏. 社会科学大词典［M］. 北京：中国国际广播出版社，1989.

［2］ 维特鲁威. 建筑十书［M］. 高履泰译. 北京：中国建筑工业出版社，1986.

［3］ （英）戴维·史密斯·卡彭. 建筑理论（上）［M］. 王贵祥译. 北京：中国建筑工业出版社，2007.

［4］ Jencks，C. & Baird，G. Meaning in Architecture. London：The Cresset Press. 1969.

［5］ 何泉. 藏族民居建筑文化研究［D］. 西安：西安建筑科技大学，2009.

［6］ 谭良斌. 西部乡村生土民居再生设计研究［D］. 西安：西安建筑科技大学，2008.

［7］ 虞志淳. 陕西关中农村新民居模式研究［D］. 西安：西安建筑科技大学，2009.

［8］ 张群，朱佚韵，刘加平，梁锐. 西北乡村民居被动式太阳能设计实践与实测分析.［J］. 西安理工大学学报，2011，26（4）：477-481.

［9］ 何泉，刘加平，吕小辉. 西北农村地区的生态建筑适宜技术——以银川市碱富桥村设计为例.［J］. 四川建筑科学研究，2009，35（2）：243-247.

［10］ 吴良镛. 查尔斯·柯里亚的道路［J］. 建筑学报，2000，（11）：44.

［11］ 邹德侬，刘丛红，赵建波. 中国地域性建筑的成就、局限和前瞻［J］. 建筑学报，2002，（5）：7.

［12］ 布莱恩·爱濡华兹. 可持续性建筑［M］. 周玉鹏等译. 北京：中国建筑工业出版社，2003：172.

［13］ http://baike. baidu. com/view/18021. htm.

［14］ 刘加平，杨柳编著. 室内热环境设计［M］. 北京：机械工业出版社，2005.

［15］ 杨柳. 建筑气候学［M］. 北京：中国建筑工业出版社，2010.

［16］ 刘加平. 建筑物理［M］. 北京：中国建筑工业出版社，2009.

［17］ 赵睿. 建筑光环境设计中的心理学因素［J］. 工业建筑，2007，37（增刊）：153-156.

［18］ 刘强. 健康、绿色、可持续性——当今建筑设计的发展趋势［J］. 华东交通大学学报，2002，19（4）：25-27.

［19］ 潘定祥. 建筑美的构成［M］. 北京：东方出版社，2010.

［20］ 彭一刚. 建筑空间组合论［M］. 北京：中国建筑工业出版社，2001.

［21］ 清华大学土木建筑系民用建筑设计教研组. 建筑构图原理（初稿）［M］. 北京：中国工业出版社，1962.

［22］ Brenda & Robert Vale. Green Architecture—Design for Sustainable Future［M］. London：Thames & Hudson Ltd，1991.

［23］ 刘先觉. 现代建筑理论：建筑结合人文科学自然科学与技术科学的新成就［M］. 北京：中国建筑工业出版社，2010：610.

第 5 章

［1］ 魏宏森，曾国屏. 系统论——系统科学哲学［M］. 北京：清华大学出版社，1995.

［2］ 邹珊刚，黄麟雏，李继宗，苏子仪，马名驹，朴昌根. 系统科学［M］. 上海：上海人民出版社，1987.

［3］ 亚伯拉罕·马斯洛. 动机与人格［M］. 许金声等译. 北京：中国人民大学出版社，2007.

［4］ 曹亮功. 建筑地域性的解析与实践——粤海铁路海口站建筑设计［J］. 建筑学报，2003，（4）：24.

［5］ 夏明，武云霞. 地域特征与上海城市更新［M］. 北京：中国建筑工业出版社，2010.

［6］ 国家发展计划委员会政策法规司. 西部大开发战略研究［M］. 北京：中国物价出版社，2002.

第 6 章

［1］ 建筑采光设计标准 GB/T 50033—2001.

［2］ 周伟. 建筑空间解析及传统民居的再生研究［D］. 西安：西安建筑科技大学，2004.

［3］ Li，K.，Yu，Z. Design and Simulative Evaluation of Architectural Physical Environment with Ecotect［J］. Computer Aided Drafting，Design and Manufacturing，2006，16（2）：44-50.

［4］ Jiaping LIU，Rongrong HU，Runshan WANG，Liu YANG. Regeneration of vernacular architecture：new rammed earthhouses on the upper reaches of the Yangtze River［J］. Frontiers of Energy & Power Engineering in China. 2010，4（1）：93-99.